Inhalt

Grundlagen

Akupressur ist die Stimulation eines Akupunkturpunktes mittels Fingerdruck oder Massage. Der sanfte Druck auf die entsprechenden Punkte der Hautoberfläche wirkt auf Organe und deren Funktionen. Es wird nicht nur das entsprechende Hautareal beeinflusst, sondern durch die Aktivierung des Energieflusses im Körper auch Organe und Körperfunktionen, die ganz woanders liegen können. Von Laien kann Akupressur gut und wirkungsvoll am Tier angewendet werden, da außer den eigenen Händen keine Hilfsmittel nötig sind und die Methode leicht erlernbar und nachvollziehbar ist. Akupressur ist eine Art der Regulationsmedizin. Entgleiste körpereigene Regelmechanismen werden dadurch wieder in Gang gebracht. Der Körper erhält Informationen und kann so das gestörte Gleichgewicht wieder herstellen bzw. seine Selbstheilungskräfte aktivieren.

Um Akupressur selbst anwenden zu können, ist es wichtig, einige Grundgedanken und Begriffe zu kennen.

Geschichtliche Hintergründe

Schriftliche Überlieferungen zur Akupunktur (Stimulation des Akupunkturpunktes mittels einer Nadel) und Moxibustion (Stimulation des Akupunkturpunktes durch Wärmereiz) gibt es seit dem 2. Jahrhundert vor unserer Zeitrechnung. Grabfunde zeigen jedoch, dass wahrscheinlich bereits vor mehr als 6000 Jahren eine akupunkturartige Behandlung mittels Steinnadeln oder Bambussplittern stattgefunden hat. Die Behandlung von Tieren fand sich bereits 900 v. Chr. in den Aufzeichnungen eines Reitergenerals, der auch als Tierarzt bzw. Pferdearzt gearbeitet hat. Die frühen Aufzeichnungen der Veterinärakupunktur beziehen sich jedoch lediglich auf die Anwendung bei militärisch und landwirtschaftlich genutzten Tieren: Pferden und Wasserbüffeln. Die Akupunktur des Hundes ist eher eine westliche Entwicklung und wurde erst viel später übernommen.

Die traditionell chinesische Akupunktur beruht auf einer **ganzheitlichen Erfahrungsmedizin**. Sie beschreibt das zu behandelnde Individuum als „Verdichtung von Energetischem“. Nach traditionellem Ansatz werden durch Akupunktur wie auch durch Akupressur **Disharmonien des Gesamtgefüges beseitigt**. Behandelt wird nach dem Befinden des Tieres, nicht nach einem Befund.

Es gibt daneben auch noch eine westlich orientierte Erklärungsweise der Akupunktur und Akupressur, die auf Erkenntnissen aus der Biochemie und Neurophysiologie beruht. Diese moderne Sichtweise erklärt die Wirkung der Akupunktur durch Reizung von Nerven und Weiterleitung des Reizes im Körper.

Yin und Yang

Yin und Yang sind Grundbegriffe des traditionellen Ansatzes einer Akupressurbehandlung. Sie stellen die **Harmonie der polaren Grundprinzipien** der chinesischen Medizin dar. Dieses polare System – dargestellt durch die schwarzweiße Monade – beschreibt das gesamte Leben. Yin und Yang sind ein dynamisches System und sollten sich stets im Gleichgewicht befinden.

Auch im Körper des Hundes stehen Yin und Yang in gegenseitiger Abhängigkeit. Ist die Verteilung von Yin und Yang harmonisch und ausgewogen, so ist der Hund gesund. Überwiegt eines der beiden, entsteht ein Ungleichgewicht, das Tier wird krank.

Wofür stehen Yin und Yang?

Yin steht für die „dunkle“ Seite. Von starker Yin-Qualität ist die Weiblichkeit, die Nacht, der Winter, die Passivität, die Ruhe, die Kälte.

Yang steht für die „helle“ Seite. Starke Yang-Qualität hat die Männlichkeit, die Sonne, die Hitze, der Tag, die Aktivität, das Feuer.

Gesundheitliche Bedeutung von Yin und Yang?

Überwiegt das Yin, merkt man dem Tier Erschöpfung und Energiemangel an. Meist handelt es sich bei Yin-Erkrankungen um chronische Krankheiten.

Hat der Hund zu viel Yang, so entsteht eine hitzige Erkrankung – wie eine Entzündung, Fieber, starke Erregbarkeit und Unruhe.

Was bewirkt Akupressur?

Akupressur harmonisiert Yin und Yang und stellt das Gleichgewicht wieder her. Ein Punkt im Yin-Zustand (Leere, Kälte) wird sich durch die Akupressur mit Energie füllen, ein Punkt im Yang-Zustand (Fülle, Puls, Hitze) wird sich „entladen“. Mit ein bisschen Übung werden Sie schnell feststellen, ob sich der Punkt, den Sie massieren, in einem Yin-Zustand oder einem Yang-Zustand befindet. Der harmonisierende Effekt der Akupressur tritt aber auch dann ein, wenn Sie sich nicht sicher sind, ob eine Yin- oder eine Yang-Erkrankung vorliegt.

Der Energiefluss im Leitbahnsystem

Auf den nachfolgenden Bildtafeln sind die Leitbahnen des Hundes, die sogenannten Meridiane, dargestellt. Die Meridiane stellen ein **vernetztes Versorgungssystem** des Körpers dar. Nach chinesischer Vorstellung versorgen diese Kanäle den Körper mit **Qi**. Qi ist die **Lebensenergie** des gesamten Körpers. Voraussetzung für eine optimale Versorgung ist ungehinderter Fluss des **Qi**. Nur so kann das Qi überallhin gelangen und jedes Gewebe oder Organ mit Energie versorgen.

Liegt irgendwo ein Ungleichgewicht durch eine Erkrankung des Hundes vor, entsteht im Leitbahnsystem an einer Stelle eine Blockade. Das führt dazu, dass sich irgendwo Energie staut und damit ein Übermaß entsteht, während an einer anderen Stelle eine Unterversorgung vorliegt.

Akupressur schafft über den Punkt einen Zugang zum Leitbahnsystem. Durch die Massage des Punktes, der der Krankheit (der Hauptstörung) entspricht, wird das Ungleichgewicht beseitigt und die Energie kann wieder frei fließen. Die aus der Haupterkrankung entstandenen weiteren Probleme werden mit beseitigt.

Es gibt **zwölf Hauptleitbahnen**, die untereinander verbunden sind. Diese Leitbahnen befinden sich symmetrisch auf der rechten und linken Körperseite. Durch die innere Verbindung der Leitbahnen muss nicht auf der Seite des Problems behandelt werden. Die Hauptleitbahnen werden Yin oder Yang sowie einem bestimmten Funktionskreis bzw. Organ zugeordnet.

Zusätzlich gibt es die beiden unpaarigen, auf der Mittellinie des Tieres liegenden Leitbahnen, die teilweise den Hauptleitbahnen zugeordnet werden. Es handelt sich um die „Leitbahn der Steuerung“, das **Gouverneurgefäß**, und die „Aufnehmende Leitbahn“, das **Konzeptionsgefäß**. Weitere unpaarige Leitbahnen, Netzleitbahnen und Leitbahnzweige, die hier nicht aufgeführt sind, vervollständigen das System.

Eigenschaften von Akupressurpunkten

- Der einzelne Akupressurpunkt ist ein Zugang zur **gesamten Leitbahn**. Das heißt, dass über den Punkt die gesamte Leitbahn stimuliert wird.
- Daneben wirkt der Punkt auch **lokal** – wenn der Hund beispielsweise ein Problem an der Schulter hat, wirken die dort gelegenen Punkte positiv auf die Schulter.
- Viele Punkte wirken außerdem **organbezogen**; so können innere Organe über spezielle Punkte beeinflusst werden.

Manche Punkte haben **spezielle Eigenschaften**, wie zum Beispiel schmerzlindernde, krampflösende, immunstimulierende oder fiebersenkende Wirkungen. Die Wirkung der einzelnen Punkte ist auf den Meridiantafeln beschrieben.

Akupressurpunkte finden

Das Wichtigste für die erfolgreiche Behandlung ist natürlich, den entsprechenden Akupressurpunkt zu finden. Dazu wird die Lokalisation des Punktes neben der bildlichen Darstellung auf der Meridiantafel beschrieben.

Ein Akupressurpunkt ist aber vor allem **tastbar**! Der Akupressurpunkt fühlt sich meist wie eine kleine Vertiefung an. Die Hautkonsistenz ist zur Umgebung verändert. Manchmal ist der Punkt sehr tief, wie eine kleine Grube, teilweise aber auch warm, fest oder pulsierend. Die Punkte verändern sich bei Erkrankungen und können schmerzempfindlich reagieren.

Praktisches Vorgehen

Um einen für Sie einfachen und übersichtlichen Weg zu finden, sind auf den Meridiantafeln nur die wichtigsten Punkte dargestellt.

Wenn Sie an Ihrem Hund eine Akupressurbehandlung vornehmen, gehen Sie bitte folgendermaßen vor:

- Sie sollten sich ruhig und ausgeruht fühlen. Wenn Sie selber nicht gesund sind oder Stress haben, können Sie Ihrem Tier durch die Akupressur Ihre eigenen Probleme übertragen. Führen Sie an diesen Tagen keine Akupressur an Ihrem Hund durch.
- Ihre Hände müssen warm und trocken sein. Keine Handcreme vor der Behandlung auftragen. Kalte Hände vorher aufwärmen.
- Suchen Sie einen Platz auf, an dem sich Ihr Tier und natürlich auch Sie selbst entspannen können. Das Tier sollte nicht auf einem kalten Boden behandelt werden.
- Nervöse und ungeduldige Tiere sollten am besten in einer ihrer Ruhephasen behandelt werden.
- Überlegen Sie vorab, was Ihr Tier momentan für Probleme hat und suchen Sie die entsprechenden Leitbahnen und Punkte auf den Meridiantafeln.
- Erforschen Sie nun die Leitbahnen Ihres Hundes. Fahren Sie sanft mit der Hand über die Leitbahnen (in Fließrichtung vom Anfangs- zum Endpunkt). Versuchen Sie Veränderungen zu tasten. Gibt es Auffälligkeiten? Gibt es wärmere oder kältere Stellen? Reagiert das Tier an einer bestimmten Stelle besonders stark?

- Tasten Sie nun die Punkte, die Sie vorab ausgesucht haben, und die Punkte an den Stellen, wo Sie Besonderheiten gespürt haben. Falls Sie Schwierigkeiten haben, sich auf Ihren Tastsinn zu konzentrieren, schließen Sie einfach die Augen und verlassen sich auf Ihre Hand.
- Sie sollten bei einer Behandlung nicht mehr als 9 Punkte stimulieren. Weniger Punkte und gezielte Punktauswahl helfen mehr, als viele willkürlich zusammengestellte Punkte. Suchen Sie die Ihnen am wichtigsten scheinenden Punkte für die anstehende Behandlung aus.
- Führen Sie nun die Akupressurbehandlung durch. Beginnen Sie mit den Punkten auf den übergeordneten Meridianen (Lenkergefäß und Konzeptionsgefäß), fahren Sie mit den Shu-Punkten fort und behandeln Sie dann alle weiteren Punkte in der Reihenfolge von vorne nach hinten und von oben nach unten. Die Punkte an den Pfoten (Start- und Endpunkte der Meridiane) werden zuletzt behandelt.

Techniken der Akupressur

Um einen Punkt zu stimulieren, gibt es verschiedene Techniken. Beobachten Sie Ihr Tier bei der Akupressur sehr genau und richten Sie Ihre Behandlung nach der Reaktion des Hundes.

- Legen Sie einen Finger (am besten eignet sich der Zeige- oder Mittelfinger) in den Akupressurpunkt und massieren Sie sanft in **kleinen Kreisen** mit leichtem Druck in rechtsdrehender Richtung. Der **Druck** ist individuell sehr verschieden. Manche Tiere vertragen eher einen starken Druck, andere mögen es sanfter. Die Druckstärke ist dann richtig, wenn der Hund sich unter Ihren Händen entspannt. Die Kreisbewegung ist langsam.
- Sie können den Punkt auch ohne kreisende Bewegung nur durch Druck stimulieren. Der Druck beginnt sanft und wird so lange verstärkt, bis das Tier sich entspannt.
- Der Punkt wird zwischen **30 Sekunden und bis zu 2 Minuten** lang behandelt. Kürzere Massagen mit leichterem Druck wirken eher belebend, längere Massagen mit stärkerem Druck eher entspannend.
- Eine Akupressurbehandlung dauert zwischen **10 und 30 Minuten**.
- Nach der Akupressur sollten Sie Ihren Hund genau das tun lassen, wozu er Lust hat. Wichtig ist, dass frisches Wasser bereitsteht, da viele Tiere nach der Behandlung durstig sind.
- Die **Häufigkeit** von Akupressurbehandlungen richtet sich nach dem Krankheitsbild. Schmerzhafte Erkrankungen des Bewegungsapparates können mehrmals täglich behandelt werden. Sie können die Akupressur bis zu 3-mal täglich durchführen – wenn es Ihrem Hund gut tut. In hochakuten Fällen (z. B. Fieber oder psychische Probleme durch Schreck) werden die Punkte nach Bedarf auch mehrmals behandelt. Nach der ersten Akupressur etwas abwarten, gegebenenfalls nach 2 Stunden wiederholen. Bei allen anderen Erkrankungen sollte einmal täglich akupressiert werden. Vorbeugende oder nachsorgende Anwendungen führen Sie 3- bis 4-mal wöchentlich durch.

Besondere Akupressurpunkte

Shu-Punkte

Diese Punkte sind spezielle Punkte des Blasenmeridians. Sie liegen entlang der Rückenlinie auf dem inneren Ast des Blasenmeridians. Jedes der zwölf chinesischen Organe, die jeweils durch einen Meridian repräsentiert werden, hat auf dem Blasenmeridian einen Shu-Punkt (**Zustimmungspunkt**). Die Punkte haben sowohl einen **hohen therapeutischen Nutzen**, insbesondere bei der Behandlung chronischer Erkrankungen, als auch einen **diagnostischen Nutzen**, da bei Druckempfindlichkeit Rückschlüsse auf das gestörte Organ gezogen werden können.

Notfallpunkte

Um in Notfällen schnell helfen zu können, gibt es spezielle Notfallpunkte, die sich an den Enden der Gliedmaßen (Krallenfalze, Ballen, Schwanzspitze ...) befinden. Es sind die jeweiligen Anfangs- oder Endpunkte der Leitbahnen. Sie sind auf den Tafeln und in den Beschreibungen besonders gekennzeichnet. Die Notfallpunkte werden in speziellen Situationen wie zum Beispiel bei Hitzschlag oder einem epileptischen Anfall eingesetzt. Sie sollen Ihnen ermöglichen, schnell zu handeln. Im Notfall sollte der Punkt mit einem spitzen Gegenstand stimuliert oder gestochen werden. **Die Behandlung des Notfallpunktes ist eine „Erste-Hilfe-Maßnahme" und ersetzt nicht die tierärztliche Behandlung des Hundes!**

Alarmpunkte

Die Alarmpunkte (Mu-Punkte) können zur Diagnose und zur Behandlung eingesetzt werden. Sind sie druckempfindlich, liegt eine Störung des Organs vor. Wenn Sie bei

Ihrem Hund einen Punkt durch Fingerdruck testen und eine empfindliche Reaktion folgt, sollten Sie den Punkt und das damit verbundene Organ behandeln.

Meisterpunkte

Diese Punkte haben eine besonders intensive Wirkung auf spezielle Organe bzw. Organsysteme. So sollten Sie zum Beispiel bei Gelenkproblemen immer den Punkt Gallenblase 34 mit behandeln, da er der Meisterpunkt der Gelenke ist.

Kontraindikationen

Eine Akupressur sollte bei folgenden Hunden nicht oder nur von ausgebildeten Fachleuten vorgenommen werden:

- trächtige Hündinnen
- Tumorpatienten

Akupressur ist **keine alleinige Therapie**. Sie kann keine Krankheit heilen. Sie können Akupressur sowohl in akuten als auch chronischen Krankheitsfällen begleitend anwenden (auch in Notfällen, siehe Notfallpunkte).

Das ersetzt jedoch keinesfalls eine Behandlung durch einen Tierarzt oder Tierheilpraktiker und stellt lediglich eine **begleitende Maßnahme** dar, mit der Sie die Heilung unterstützen und dem Tier Wohlbefinden geben.

Die Fünf Elemente in der chinesischen Medizin

Die Lehre der Fünf Elemente ist eine Theorie zur Naturbeschreibung. Sie untersucht die Gesetzmäßigkeiten, nach denen Prozesse im Bereich des Lebendigen ablaufen. Neben ihrer Bedeutung in der chinesischen Philosophie, im Feng Shui oder im Ayurveda findet sie ihre Anwendung auch in der Akupunktur bzw. Akupressur.

Die Elemente stehen in zyklischer Anordnung und nähren, schwächen oder kontrollieren einander. Jedes Element hat eine spezifische Bedeutung. Den Elementen sind Charaktereigenschaften, Organe und spezielle körperliche oder seelische Schwächen zugeordnet.

Die fünf Typen der TCM – Typologische Akupressur

Die typologisch ausgewählten Akupressurpunkte dienen dem psychischen Ausgleich der einzelnen Typen und der Behandlung ihrer speziellen „Schwachstellen“. Dadurch wird der Hund ganz besonders unterstützt. Der Typ-Punkt kann in jede Akupressurbehandlung integriert werden und auch prophylaktisch zur Gesunderhaltung genutzt werden.

Besonders spannend ist die Bestimmung der einzelnen Typen. Nicht nur der Typ des Tieres, auch der Typ des Halters ist interessant, da manche Typen besser und andere schlechter harmonieren. Kennt man die Stärken und Schwächen, kann man sich besser auf deren Besonderheiten einstellen.

In der TCM werden analog zu den Fünf Elementen auch fünf Typen unterschieden:

Milz-Typ, Element Erde

Herz-Typ, Element Feuer

Leber-Typ, Element Holz

Lungen-Typ, Element Metall

Nieren-Typ, Element Wasser

Der Milz-Typ

Akupressurpunkt: Milz 6, Seite 22/23.

Der Milz-Typ ist ein freundlicher und ausgeglichener Hund. Sein Motto „In der Ruhe liegt die Kraft“ macht ihn gemütlich und etwas faul. Lernen dauert zwar länger, dafür ist der Milz-Hund stets zuverlässig und führt einmal Erlerntes sicher aus. Geduld des Halters ist hier gefragt. Wird der Milz-Hund überbeansprucht, reagiert er mit Trägheit oder gar Rückzug. Sein körperliches Erscheinungsbild ist eher schlaff, sein Bindegewebe weich. Er neigt zu Übergewicht.

Der Milz-Typ braucht Geduld und Verständnis für seine etwas langsame Art. Hektik führt hier zu nichts. Er ist ein prima Kumpel durch dick und dünn, immer verlässlich, wenn man ihn versteht.

Der Herz-Typ

Akupressurpunkt: Herz 7, Seite 24/25.

Der Herz-Hund ist ein kompliziertes Wesen. Im ausgeglichenen Zustand ist er lebhaft, ausgelassen, ein lustiger Clown, dessen Charisma und unübersehbare Schönheit und Ausstrahlung alle Blicke auf sich zieht. Leider kann er sehr wechselhaft sein, bei Aufregung wird er schnell kopflos, hysterisch und unberechenbar. In seine Erregungszustände steigert er sich förmlich hinein.

Er neigt zu Hysterie und Nervosität und zu starkem Hecheln. Ist er sehr Qi-leer, kann der Herz-Hund auch aggressiv werden. Die hitzige Psyche führt zu inneren Erkrankungen.

Dieser Typ ist auf keinen Fall ein „Anfängerhund“ und gehört in die Hände eines erfahrenen Halters, der ruhig und gelassen bleibt, wenn der Hund es nicht mehr ist.

Der Leber-Typ

Akupressurpunkt: Leber 3, Seite 40/41.

Dem Leber-Hund läuft gelegentlich etwas über seine Leber. Er ist ein dominantes Tier, unerschrocken, energiegeladen und selbstbewusst. Am liebsten nimmt er die Führung in die eigenen Pfoten. Er braucht von Seiten des Halters Klarheit und Konsequenz. Auf unberechtigte Härte reagiert er sehr heftig und explosiv. Er regt sich aber auch schnell wieder ab. Durch seine hohe Spannung neigt er zu muskulären Verspannungen. Außerdem liegt seine körperliche Schwäche in Sehnen, Bändern und Krallen.

Der Leber-Hund braucht viel Ruhe und Klarheit. Wird ihm diese vermittelt, ist er ein unerschrockener und leistungsfähiger Freund.

Der Lungen-Typ

Akupressurpunkt: Lunge 3, Seite 16/17.

Der Lungen-Hund ist ein sensibles und etwas distanziertes Tier. Bevor er auf einen Menschen oder eine Situation zugeht, ist er erst einmal zurückhaltend und abwartend. Seine Klugheit beschert ihm eine schnelle und detailgetreue Auffassungsgabe. Allerdings kann er dadurch auch leicht überfordert werden. Durch seine introvertierte Art und seine Sensibilität unterdrückt er Emotionen eher und frisst sie in sich hinein. Dadurch entstehen körperlich sensible Reaktionsmuster im Körper wie allergische Hauterscheinungen oder Asthma, psychisch wäre der Zustand vergleichbar mit einer Depression. Optisch ist der Lungen-Hund feingliedrig und zart.

Ein ebenso sensibler Mensch wird ganz auf der Linie dieses klugen Hundes liegen.

Der Nieren-Typ

Akupressurpunkt: Niere 3, Seite 32/33.

Nieren-Hunden geht so manches an die Nieren. Sie sind unsicher und ängstlich, alles Neue ist immer sehr aufregend. Durch ihre Angst und Sensibilität neigen sie schnell zu Panik und Flucht. Im Rudel werden sie leicht unterdrückt. Der Nieren Hund ist sehr menschenbezogen und sucht den Bezug. Er möchte immer alles gut und richtig machen, neigt dabei zu vorauseilendem Gehorsam und Übereifer. Dieses zarte Seelchen darf man auf keinen Fall überfordern. Es braucht sehr viel Sicherheit und Geborgenheit. Körperlich ist dieser Typ auch eher instabil, er neigt zu Immunschwäche, hat die Tendenz zu chronischen Erkrankungen, friert schnell und neigt zu Steifheit.

Der Nieren-Hund muss immer in seinem Selbstbewusstsein gestärkt werden. Ein sehr verständnisvoller, geduldiger Halter, der dem Tier Zuwendung und Zeit gibt, wäre hier genau richtig.

Die Meridiantafeln

Nicht oder nur von einer fachkundigen Person massiert werden dürfen:
- trächtige Hündinnen
- Tumorpatienten

Akupressur ist **keine alleinige Therapie**. Sie kann keine Krankheit heilen. Sie können Akupressur sowohl in akuten als auch chronischen Krankheitsfällen begleitend anwenden (auch in Notfällen, siehe Notfallpunkte). **Das ersetzt jedoch keinesfalls eine Behandlung durch einen Tierarzt oder Tierheilpraktiker** und stellt lediglich eine **begleitende Maßnahme** dar, mit der Sie die Heilung unterstützen und dem Tier Wohlbefinden geben.

Auf den nachfolgenden Bildtafeln sind die Leitbahnen des Hundes, die Meridiane, dargestellt. Die Meridiane bilden ein **vernetztes Versorgungssystem** des Körpers, diese Kanäle versorgen den Körper mit **Qi**. Qi ist die **Lebensenergie** des gesamten Körpers. Bei ungehindertem Fluss kann das Qi überallhin gelangen und jedes Gewebe oder Organ mit Energie versorgen. Akupressurpunkte sind Zugänge zu diesen Leitbahnen.

Die Stimulation eines Akupressurpunktes mittels Fingerdruck oder Massage wirkt auf Organe und deren Funktionen. Es wird nicht nur das entsprechende Hautareal beeinflusst, sondern durch die Aktivierung des Energieflusses im Körper auch Organe und Körperfunktionen, die ganz woanders liegen können.

Legen Sie einen Finger (am besten eignet sich der Zeige- oder Mittelfinger) in den Akupressurpunkt und massieren Sie sanft **in kleinen Kreisen** mit leichtem Druck in rechtsdrehender Richtung. Der **Druck** ist individuell sehr verschieden: Manche Tiere vertragen eher einen starken Druck, andere mögen es sanfter. Die Druckstärke ist dann richtig, wenn der Hund sich unter Ihren Händen entspannt. Die Kreisbewegung ist langsam. Der Punkt wird zwischen **30 Sekunden und bis zu 2 Minuten** lang behandelt.

Lenkergefäß (Sondermeridian)

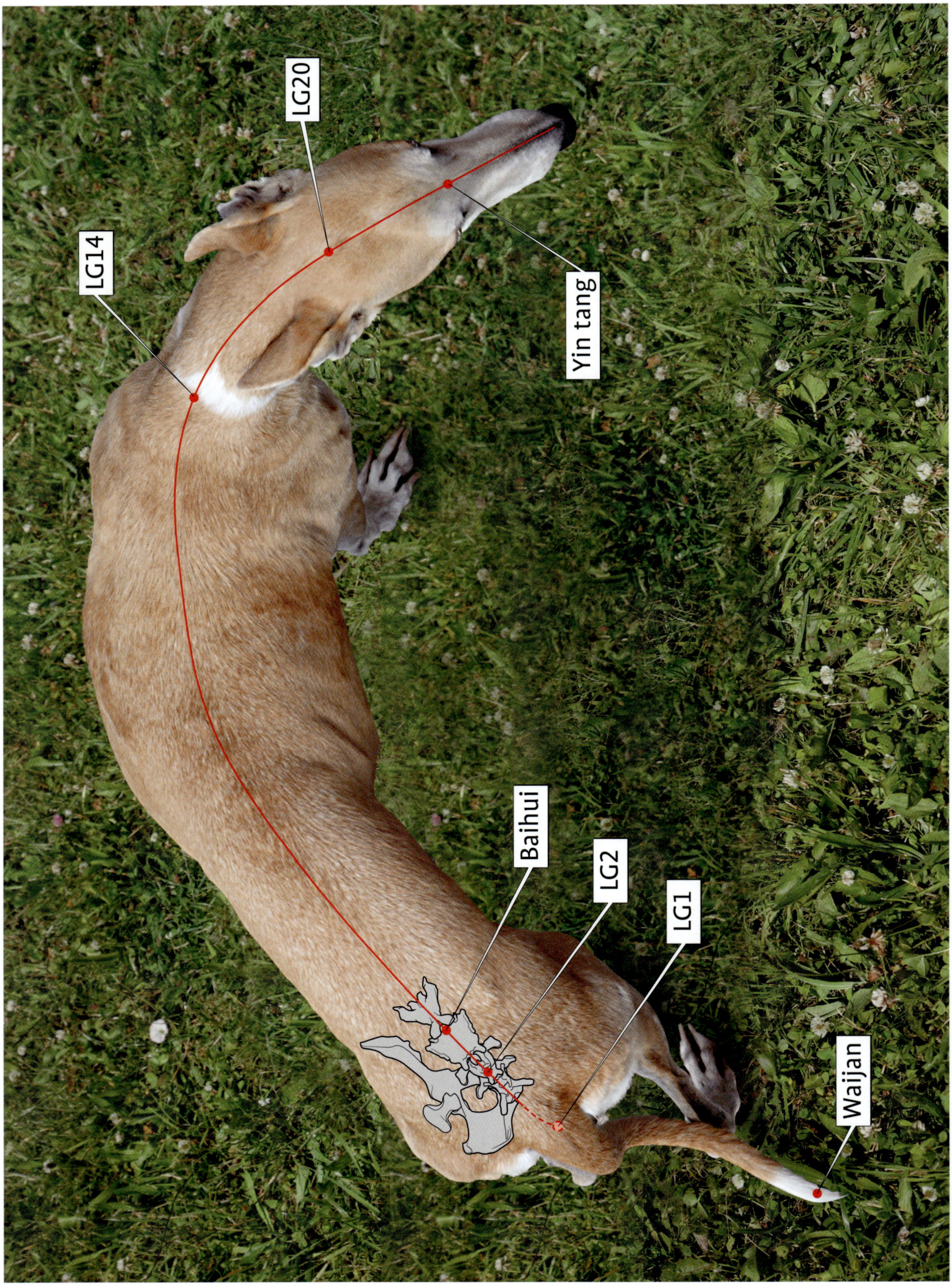

Ein therapeutisch sehr wichtiger Meridian, der das Yang am stärksten mobilisiert und einen zentralen Versorgungscharakter für das Gehirn hat.

LG 1 In einer Vertiefung zwischen Schwanzwurzel und Anus.

Durchfall, Verstopfung, Schwanzlähmung, Analbeutelentzündung.

LG 2 Zwischen Kreuzbein und erstem Schwanzwirbel.

Durchfall, Verstopfung, Bauchkrämpfe, Harninkontinenz, Lähmungen der Hintergliedmaßen.

Bai hui Zwischen dem letztem Lendenwirbel und dem Kreuzbein mittig am Rücken.

Probleme und Schmerzen der Hintergliedmaßen, Dackellähme, Rückenschmerzen, Spondylose, Cauda-equina-Kompressionssyndrom, Hüftgelenksprobleme, Fruchtbarkeits- und Zyklusstörungen, Harninkontinenz, Nierenprobleme, Darmprobleme.

LG 14 Zwischen siebtem Halswirbel und erstem Brustwirbel.

Fieber, Immunschwäche, Erschöpfung, Atemwegserkrankungen, Schulterlahmheit, Probleme und Schmerzen der Vordergliedmaßen, Epilepsie, Nackenschmerzen. Stärkt gemeinsam mit dem Bai hui die gesamte Wirbelsäule.

LG 20 Auf der Höhe des Ohrmuschelansatzes in der Mitte des Schädels.

Psychische Probleme, Angst, Ohrenerkrankungen, Augenerkrankungen, Epilepsie. Hat allgemein eine beruhigende Wirkung.

Yin tang Mittig zwischen den Augen.

Unruhe, Angst, Nervosität, psychische Störungen, Augenerkrankungen. Starke psychogene Wirkung!

Extrapunkt „Weijan“ Schwanzspitze.

Notfallpunkt bei Kollaps, Schock, Hitzschlag, Bewusstlosigkeit, Lähmungen.

Konzeptionsgefäß (Sondermeridian)

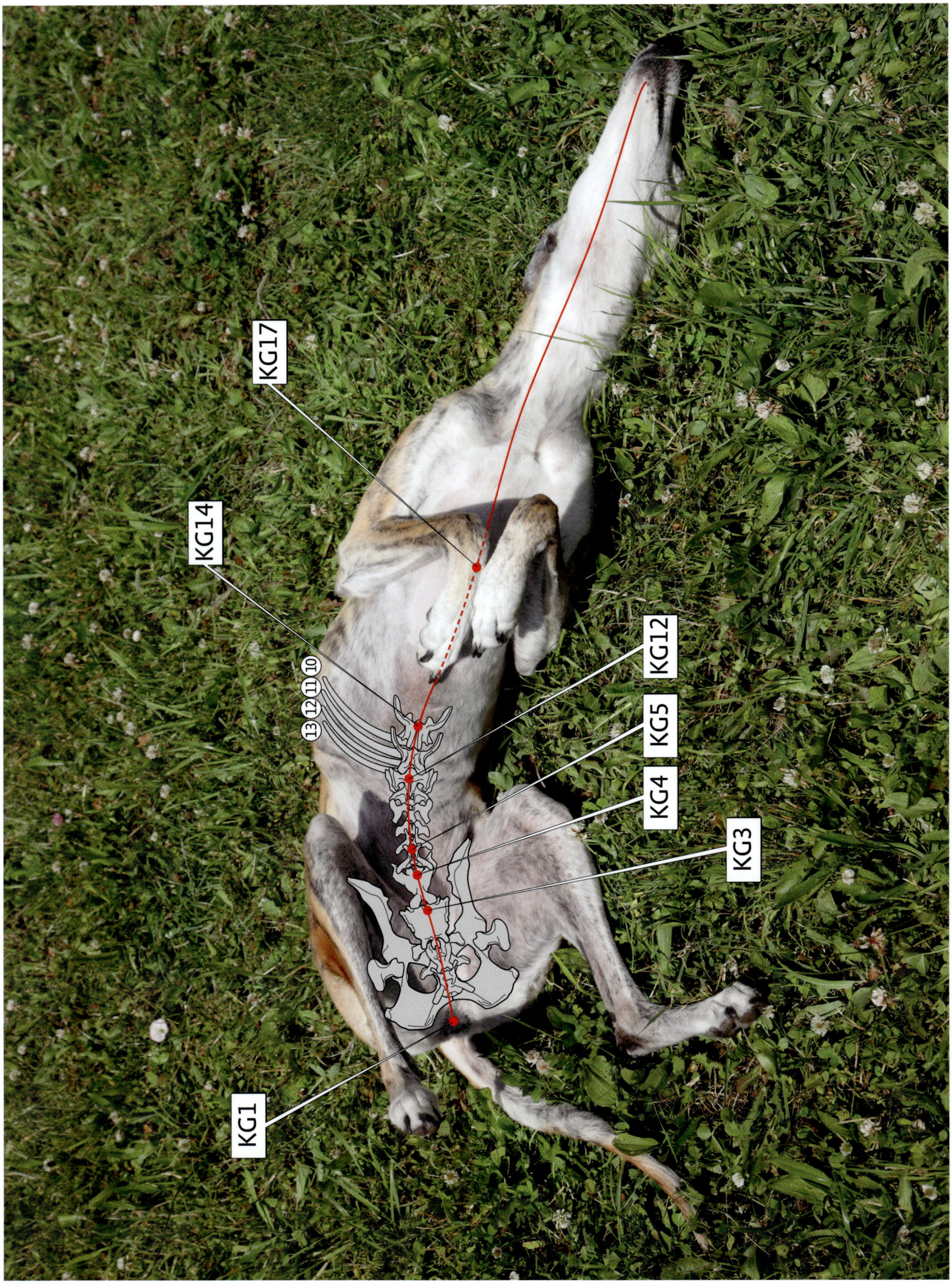

Diese Leitbahn ist das Reservoir der Yin-Energie. Der Meridian symbolisiert das weibliche Prinzip und hat einen starken Bezug zu Niere und Gebärmutter.

KG 1 Zwischen Anus und äußerer Genitale auf der Körpermittellinie.

Gebärmuttervorfall, Scheidenentzündung, Zyklusstörungen, Harnverhalten, Harnabsatzbeschwerden, Harninkontinenz, Geburtserleichterung.

KG 3 **Alarmpunkt der Blase**. Vom Schambeinrand auf der Bauchmittellinie die Breite eines Lendenwirbels nach vorne.

Blasenentzündung, Harnverhalten, Inkontinenz, häufiger Harnabsatz, Unfruchtbarkeit, Geburtserleichterung, Nachgeburtsverhalten.

KG 4 **Alarmpunkt des Dünndarms**. Die Breite eines Lendenwirbels auf der Bauchmittellinie von KG 3 nach vorne.

Bauchschmerzen, Prostataprobleme, Zyklusstörungen, Unfruchtbarkeit.

KG 5 Alarmpunkt des Dreifacher-Erwärmers. Auf der Bauchmittelinie auf Höhe des sechsten Lendenwirbels.

Harnabsatzprobleme, Harnverhalten, Harntröpfeln, Einnässen, Bauchschmerzen.

KG 12 **Alarmpunkt des Magens**, Meisterpunkt aller Yang-Organe. Auf der Bauchmittellinie auf Höhe der letzten Rippe.

Magenerkrankungen, Erbrechen, Durchfall, Verstopfung, mangelnde Verdauungskraft, Lebererkrankungen, Appetitverlust.

KG 14 **Alarmpunkt des Herzens**. Auf der Bauchmittelinie auf Höhe des zehnten Brustwirbels.

Verhaltensstörungen, Angst, Aggressivität, Herzprobleme als Stressreaktion, Magenprobleme als Stressreaktion.

KG 17 **Alarmpunkt des Perikards**. Mittig zwischen den Vorderbeinen.

Herzbeschwerden, Husten, Bronchitis, emotional ausgleichende Wirkung.

Das Gürtelgefäß (Sondermeridian)

Das Gürtelgefäß gehört zu den „Sondermeridianen“. Sie verlaufen nicht paarig und besitzen keine eigenen Punkte.

In allen Sondermeridianen wird überschüssiges Qi aus den Hauptmeridianen aufgenommen und bei Bedarf wieder abgegeben. Das Gürtelgefäß ist also eine Art Reservoir für Qi und hilft so, das Gleichgewicht des Qi im Körper des Hundes zu bewahren.

Das Gürtelgefäß ist die einzige Leitbahn, die horizontal verläuft. Es liegt gürtelförmig um die Flanke und berührt alle Leitbahnen, die am Rücken und am Bauch verlaufen. Es verbindet so die vordere und hintere Körperhälfte. Der Verlauf ist leicht oval: Am Rücken auf Höhe des 4. Lendenwirbels beginnend zieht das Gürtelgefäß etwas nach vorne bis zur Höhe von Leber 13 (Seite 41) und dann wieder nach hinten oben zurück.

Einschaltpunkt: Gallenblase 41, siehe Seite 39.

Mit diesem Punkt wird das Gürtelgefäß aktiviert und geöffnet.

Ist das Gürtelgefäß zu schwach oder blockiert, nutzen die anderen Meridiane seine Qi-Speicherfunktion nicht aus, ist es zu angespannt, wird die Verbindung von vorne und hinten gestört, wie ein Gürtel, der zu eng oder zu weit gebunden ist und dann stört.

Symptome: Gangbildstörungen (als wäre der Hund geteilt), Lahmheiten und Schwäche der Hinterhand, Verspannungen der Schulter, Verspannungen des Rückens, Rückenschmerzen, Blasenentzündung, Unsauberkeit nach Kastration, unklare Bauchschmerzen, Störungen der Läufigkeit, psychisches Festhalten.

Häufig wird das Gürtelgefäß durch Kastration bzw. durch Kastrationsnarben gestört.

- Bei starken Kastrationsnarben und Temperaturunterschieden der Narben sollte das Gürtelgefäß regelmäßig geöffnet werden.
- Bei Auffälligkeiten in der „Gürtelregion“ wie Fellwirbel, Verhärtungen, Temperaturunterschieden sollte das Gürtelgefäß ebenfalls geöffnet werden.
- Sollte ein Öffnungsbedarf vorliegen, das Gürtelgefäß VOR der weiteren Akupressur öffnen, damit zuerst das Qi eingespeist und dann durch weitere Punkte im Körper des Hundes verteilt wird.

Lungenmeridian

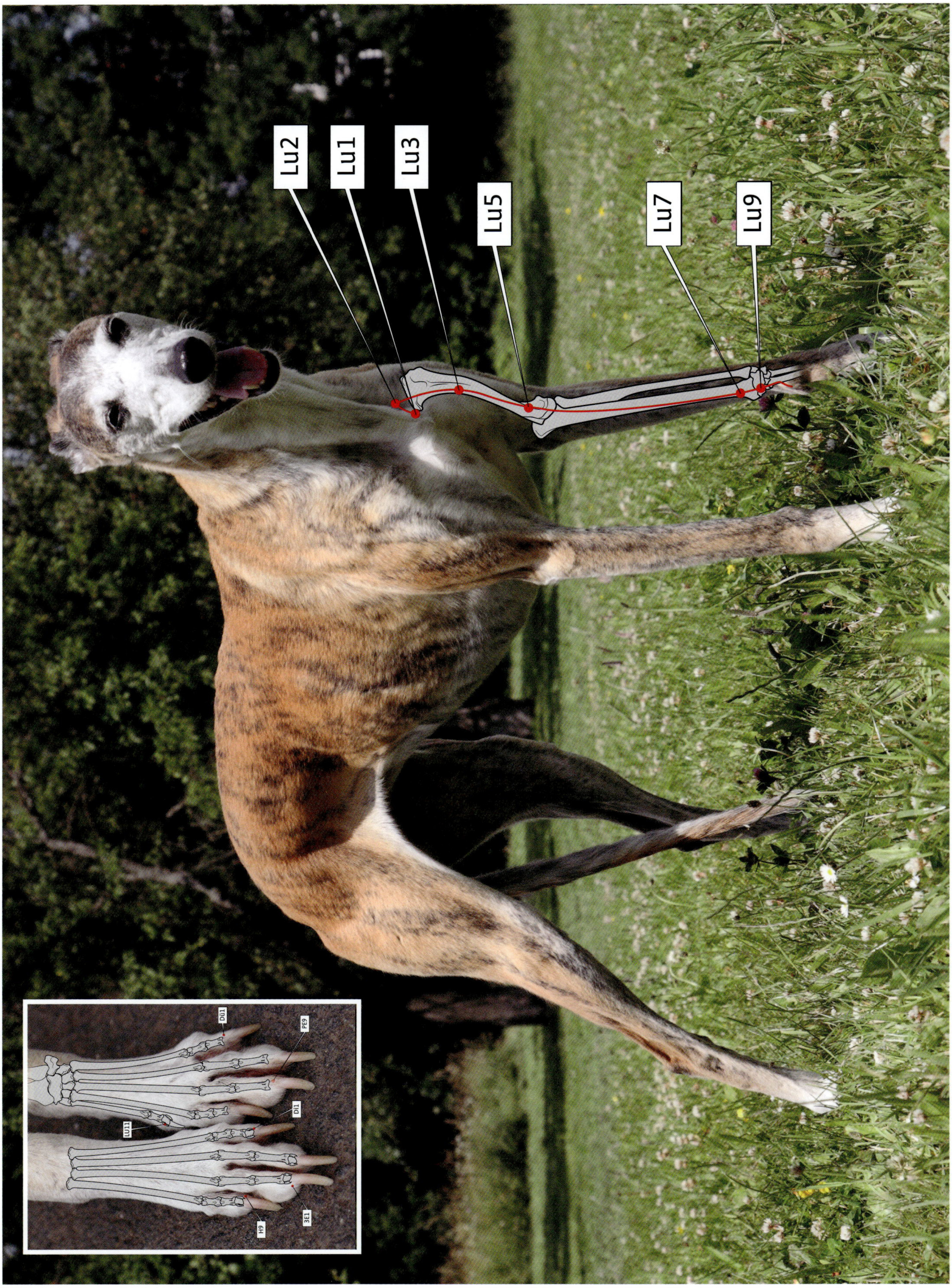

Lu 1 **Alarmpunkt der Lunge**. Am hinteren Ende des Brustbeins, etwa ein Fingerbreit neben der Brustbeinspitze.

Husten, Atembeschwerden, Bronchitis, Asthma, Nackenschmerzen.

Lu 2 Etwa ein Fingerbreit über Lu 1.

Husten, Asthma, Schmerzen der Schulter und des Oberarms, Ödeme der Brust.

Lu 3 Auf Höhe des oberen Drittels des Oberarms vorne an der Brust.

Husten, Schultererkrankungen, Schmerzen beim nach vorne Nehmen des Vorderbeins.

Lu 5 Oberhalb des Ellbogengelenks in der Ellbogenfalte zwischen den dortigen Muskelbäuchen.

Ellbogenprobleme wie Ellbogendysplasie, Arthritis, Arthrose, lokale Muskelprobleme, lokale Sehnenprobleme, Husten, Bronchitis, Atemnot.

Lu 7 Auf der Innenseite der Vordergliedmaße auf Höhe der „Handgelenksbeuge" neben der Sehne.

Husten, Atembeschwerden, Asthma, Schnupfen, Verschleimung der Atemwege, Genicksteife, Zahnschmerzen, Probleme des Handgelenks.

Lu 9 **Meisterpunkt für Blut und Blutgefäße.** Auf der Innenseite der Vordergliedmaße, mittig auf der Fläche des Handgelenks.

Chronische Erkrankungen der Atemwege, Asthma, Herz-Kreislauf-Störungen, Lahmheiten der Vordergliedmaße, Erkrankungen der Gefäße.

Lu 11 **Notfallpunkt.** Am inneren Krallenfalzwinkel des Krallenbeins der ersten Zehe.

Kehlkopfentzündung, Rachenentzündung, akute Atemwegserkrankungen, Nasenbluten, Bewusstlosigkeit, Fieber, Koma, Epilepsie.

Dickdarmmeridian

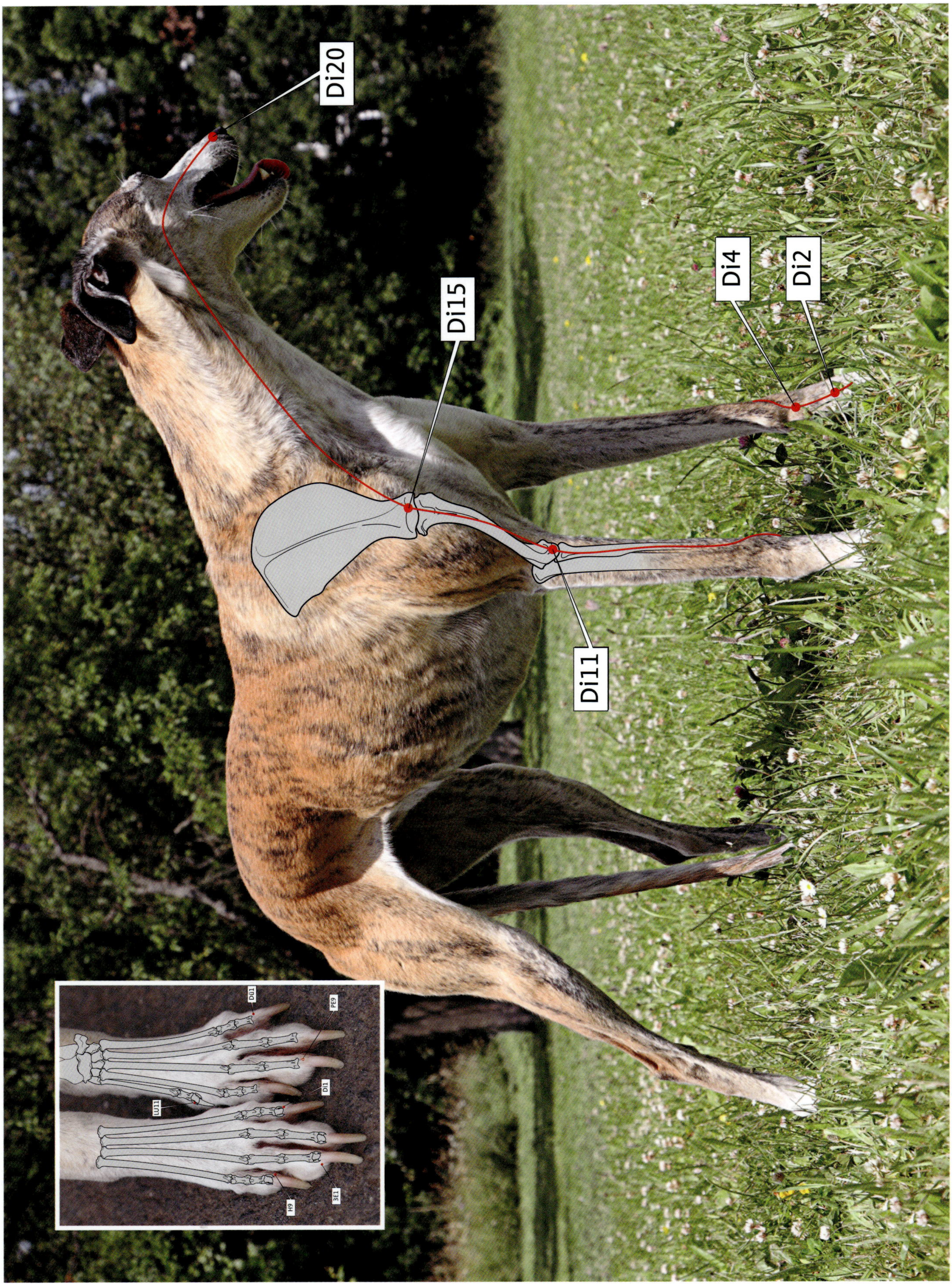

Di 1 **Notfallpunkt.** Am Krallenfalz der zweiten Zehe innen.

Hohes Fieber, Fieberkrämpfe, Husten, Asthma, Zahnschmerzen, Epilepsie, Kreislaufkollaps.

Di 2 Am dritten Gelenk des Mittelhandknochens der zweiten Zehe am Innenrand des Knochens.

Fieber, Rachenentzündung, Kehlkopfentzündung, Nasenbluten, trockener Kot, Verstopfung.

Di 4 Schmerz- und Beruhigungspunkt. In der Mitte der Hautfalte, die beim Beugen des Handgelenks entsteht, vor der zweiten Zehe.

Schmerzen aller Art, Krämpfe, Erkältungskrankheiten, Kopfschmerzen, Verstopfung, Bauchschmerzen, Probleme und Lahmheiten der Vordergliedmaßen, Dickdarmerkrankungen, Schulterschmerzen, Hauterkrankungen.

Di 11 Bei leicht gebeugtem Ellbogen am vorderen Ende der Ellbogenfalte.

Schulterschmerzen, Ellbogenschmerzen, Unterarmschmerzen, schmerzhafte Prozesse der Vordergliedmaße, Verdauungsprobleme, hormonelle Störungen, Schilddrüsenstörungen, Hauterkrankungen, Bauchschmerzen, Allergien, Juckreiz, Immunschwäche, Fieber.

Di 15 **Meisterpunkt der Schulter.** In einer Vertiefung unterhalb der Schulterblattgräte.

Schulterschmerzen, Arthritis oder Arthrose der Schulter, Lahmheiten aus der Schulter.

Di 20 Seitlich der Nasenlöcher.

Erkrankungen der Nase, Schnupfen, Entzündung der Nasennebenhöhlen, Nasenschleimhautschwellungen, Nasenbluten.

Magenmeridian

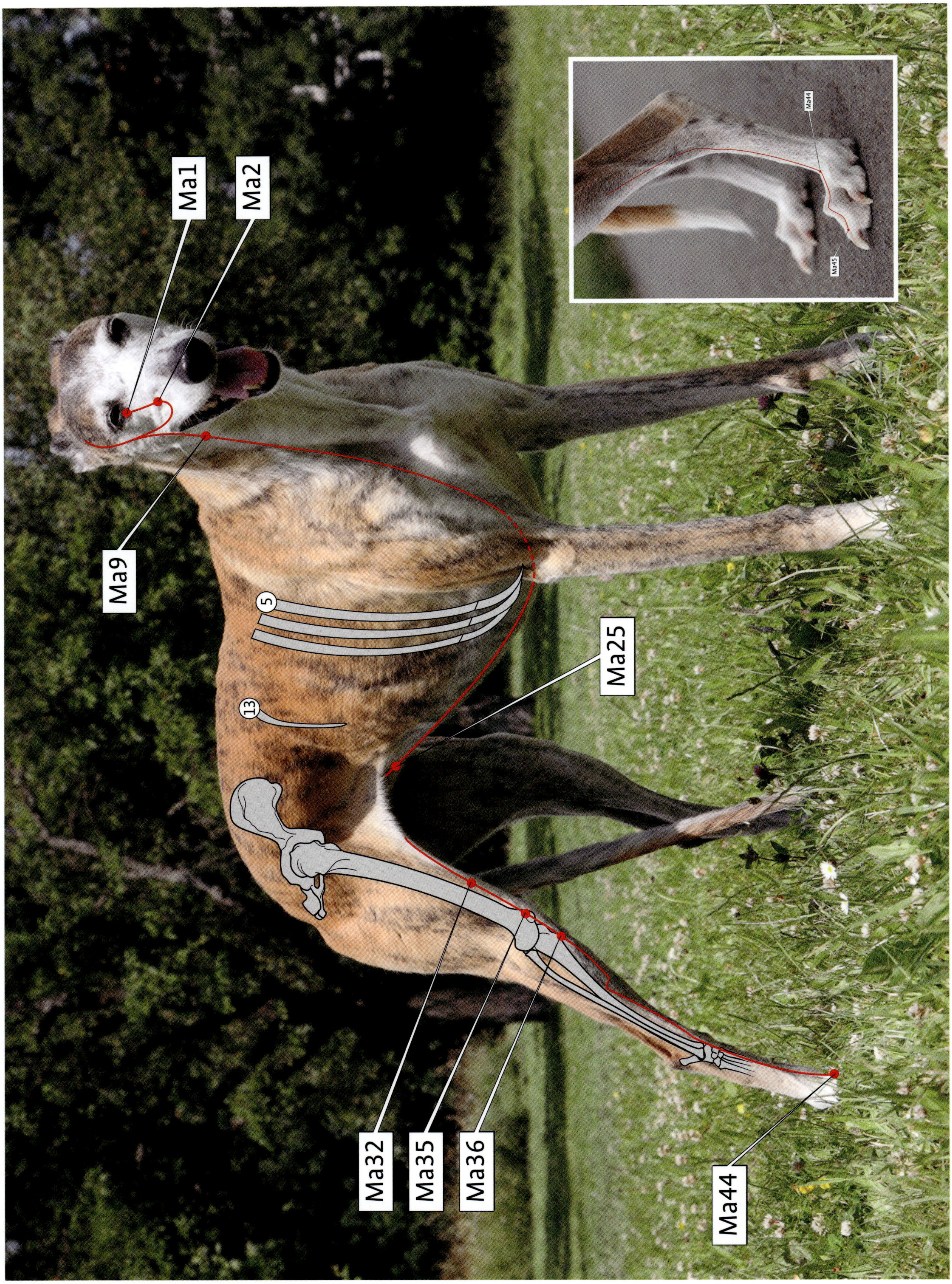

Ma 1 In der Mitte des unteren Randes der knöchernen Augenhöhle.

Bindehautentzündung, Hornhautentzündung, Star, nachlassende Sehkraft, tränende Augen.

Ma 9 In der Drosselrinne in Höhe des Schildknorpels.

Schilddrüsenerkrankungen, Asthma, Atembeschwerden, Bluthochdruck, Stimmprobleme, Kehlkopfentzündung.

Ma 25 **Alarmpunkt des Dickdarms**. Auf Höhe zwischen 2. und 3. Lendenwirbel ca. 1 bis 2 Fingerbreit seitlich der Mittellinie.

Akute und chronische Schleimhautentzündung von Magen und Darm, Verstopfung, Durchfall, Erbrechen, Verdauungsstörungen, Aufblähung.

Ma 32 Am Beginn des unteren Viertels der Strecke zwischen Hüfthöcker und Knie.

Hüftgelenksdysplasie, Hexenschuss, Lähmungen der Hinterbeine, Verspannungen, Verkrampfungen.

Ma 35 Seitlich der Patellasehne außen.

Kniegelenksprobleme, Patellaluxation.

Ma 36 **Meisterpunkt der Verdauung.** An der Schienbeinkante unterhalb des Schienbeinkopfes.

Magenkrämpfe, Verdauungsbeschwerden, Appetitlosigkeit, Durchfall, Verstopfung, Schwächezustände, Stoffwechselstörungen, Knieprobleme, Lähmungen der Hintergliedmaßen.

Ma 44 Auf dem Fußrücken zwischen der zweiten und dritten Zehe.

Durchfall, Erbrechen, Magenschwäche, Magenschleimhautentzündung, Magengeschwür, lokale Probleme der Pfote, Schreckhaftigkeit.

Ma 45 **Notfallpunkt.** Am seitlichen Krallenfalzwinkel der zweiten Zehe.

Schmerzen der Pfote, Schwellungen der Pfote, starker Durchfall, Fieber, Verhaltensstörungen.

Milz-Pankreas-Meridian

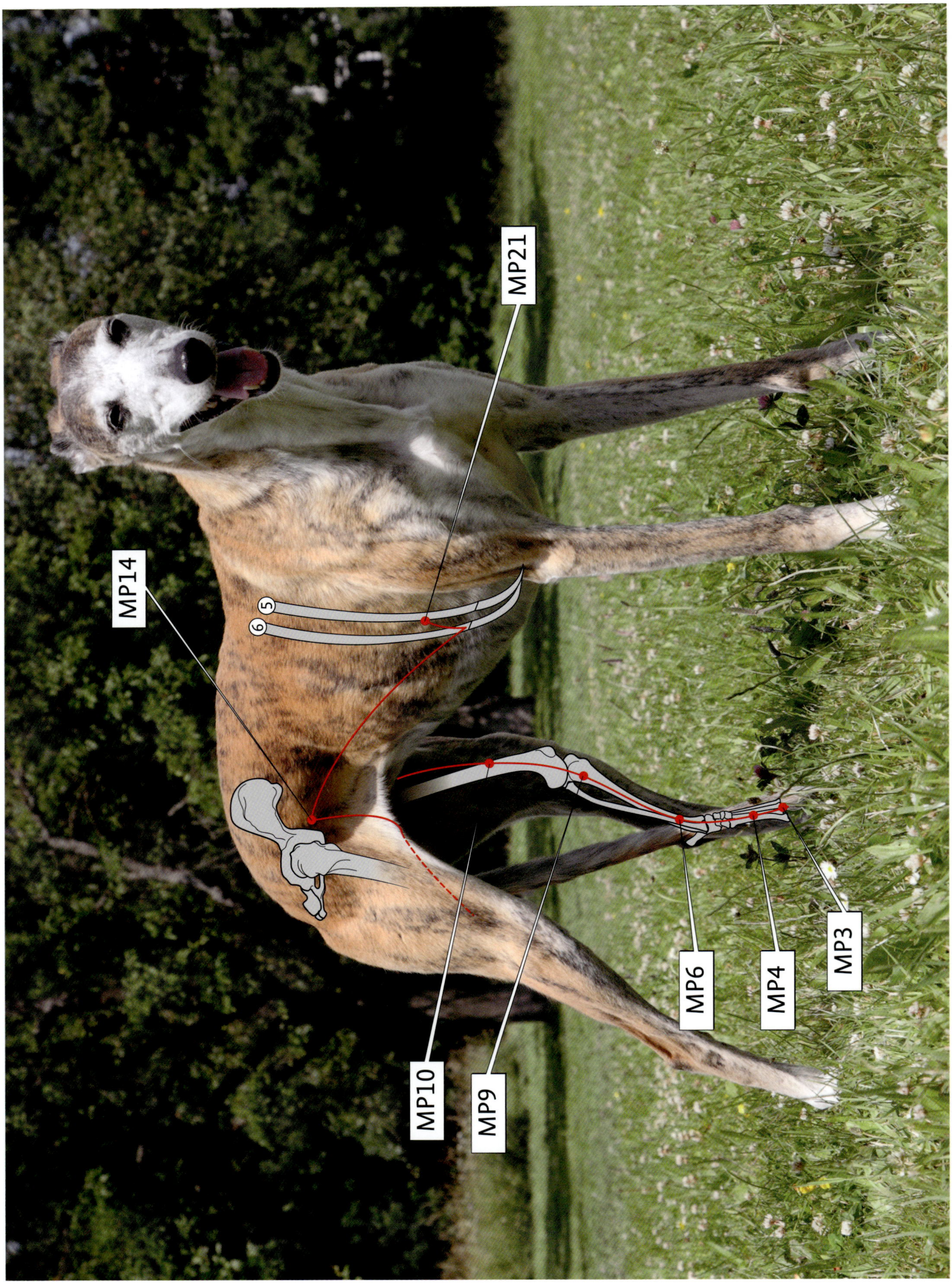

MP 3 An der Spitze des Mittelfußknochens der ersten Zehe.

Bauchschmerzen, Durchfall, Verstopfung, Aufblähung.

MP 4 Am Ansatzpunkt der Wolfskralle.

Magenprobleme, Bauchschmerzen, Verdauungsprobleme, lokale Probleme der Pfote.

MP 6 Oberhalb des Innenknöchels hinter dem Schienbein.

Müdigkeit, Schwäche, Altersbeschwerden, Magen-Darm-Probleme, allergische oder hormonell bedingte Hauterkrankungen, Immunschwäche.

MP 9 An der Rundung des Schienbeinkopfes vor dem Übergang in den Knochenschaft.

Blasenentzündung, Kniebeschwerden, hormonelle Probleme, Inkontinenz, Ödeme.

MP 10 Auf dem Muskel oberhalb des Knies.

Kniegelenksprobleme, allergische Hauterkrankungen, Nesselsucht, Infektionskrankheiten.

MP 14 Vor dem Darmbeinflügel.

Rückenverspannungen, Probleme der Hintergliedmaßen, Hüftprobleme, Schmerzen im Unterbauch.

MP 21 Im fünften Rippenzwischenraum, auf Höhe des Buggelenks.

Lungenerkrankungen, Atembeschwerden, Schmerzen, Schwäche.

Herzmeridian

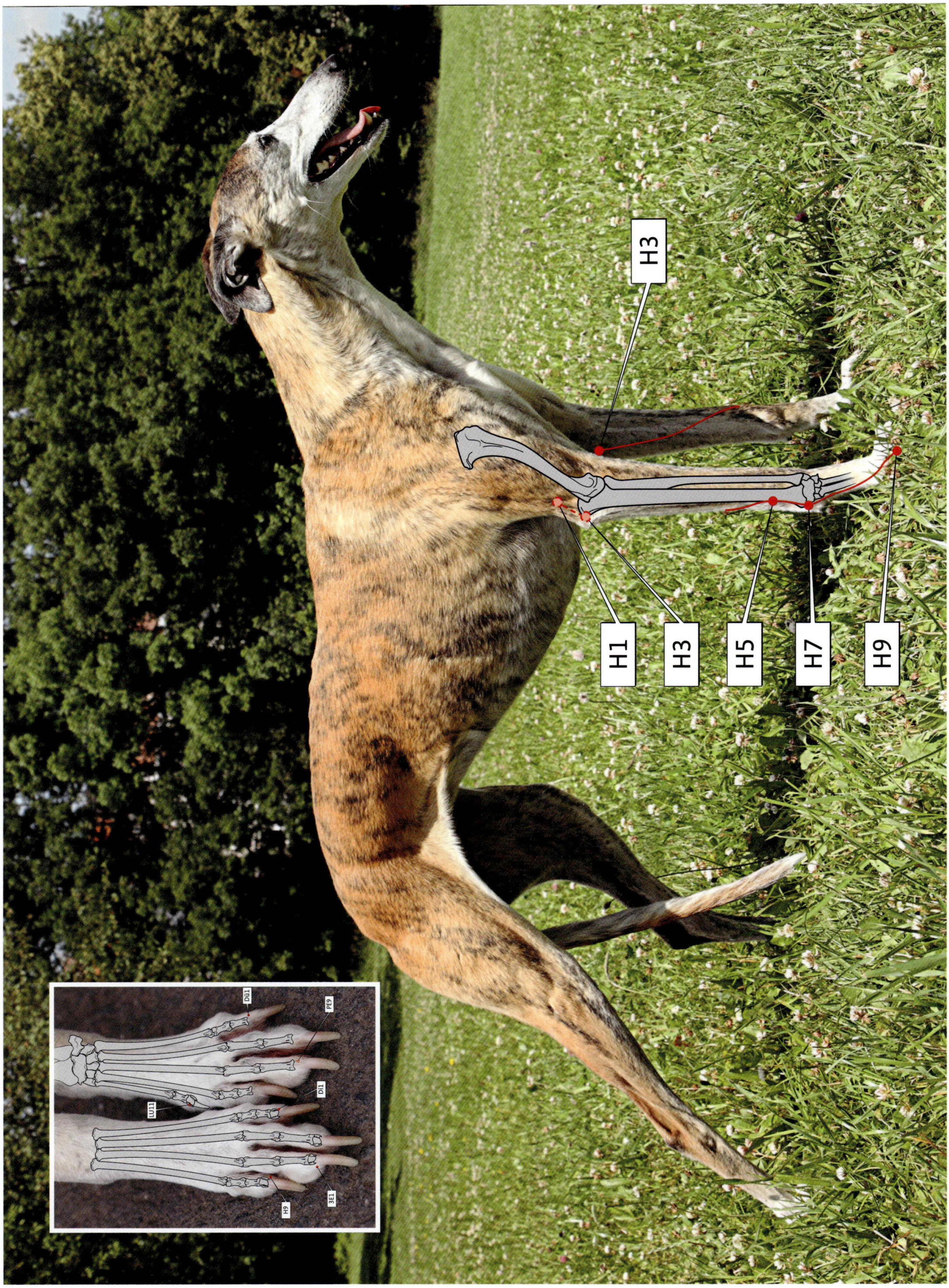

H 1 In der Achsel Richtung Ellbogen.

Schulterlahmheit, Schmerzen der Vordergliedmaßen, trockener Husten, Asthma, Traurigkeit.

H 3 Am Ende der Ellbogenfalte.

Erkrankungen des Ellbogens, Ellbogendysplasie, Herzprobleme, Unruhe. Beruhigende Wirkung.

H 5 Am Unterarm in der Muskelfurche.

Probleme und Schmerzen des Unterarms und des Handgelenks, Atembeschwerden, Herzbeschwerden, Herzhusten, Kopfschmerzen, Verhaltensstörungen.

H 7 In der Handgelenksbeugefalte ganz außen.

Unruhe, Angst, Schreckhaftigkeit, Schlaflosigkeit, Verhaltensstörungen, Neurosen, Herzprobleme, Handgelenksprobleme.

H 9 **Notfallpunkt.** Am Krallenfalz der fünften Zehe innen.

Kreislaufschwäche, Fieber, Erschöpfung, Schock, Bewusstlosigkeit, Kollaps, Schlaganfall, nervöses Herzrasen.

Tipp:
Der Herzmeridian besitzt einen großen psychischen Einfluss. Sollte Ihr Hund psychische Probleme haben, traumatisiert sein oder schlechte Erfahrungen gemacht haben, dann können Sie ihm etwas Gutes tun, indem Sie täglich mehrmals den Herzmeridian ausstreichen. Streichen Sie sanft die Leitbahn entlang – von der Achsel bis zur Pfote hinunter. Dieses Ausstreichen harmonisiert die Psyche und wirkt sich positiv auf die Mensch-Hund-Beziehung aus.

Dünndarmmeridian

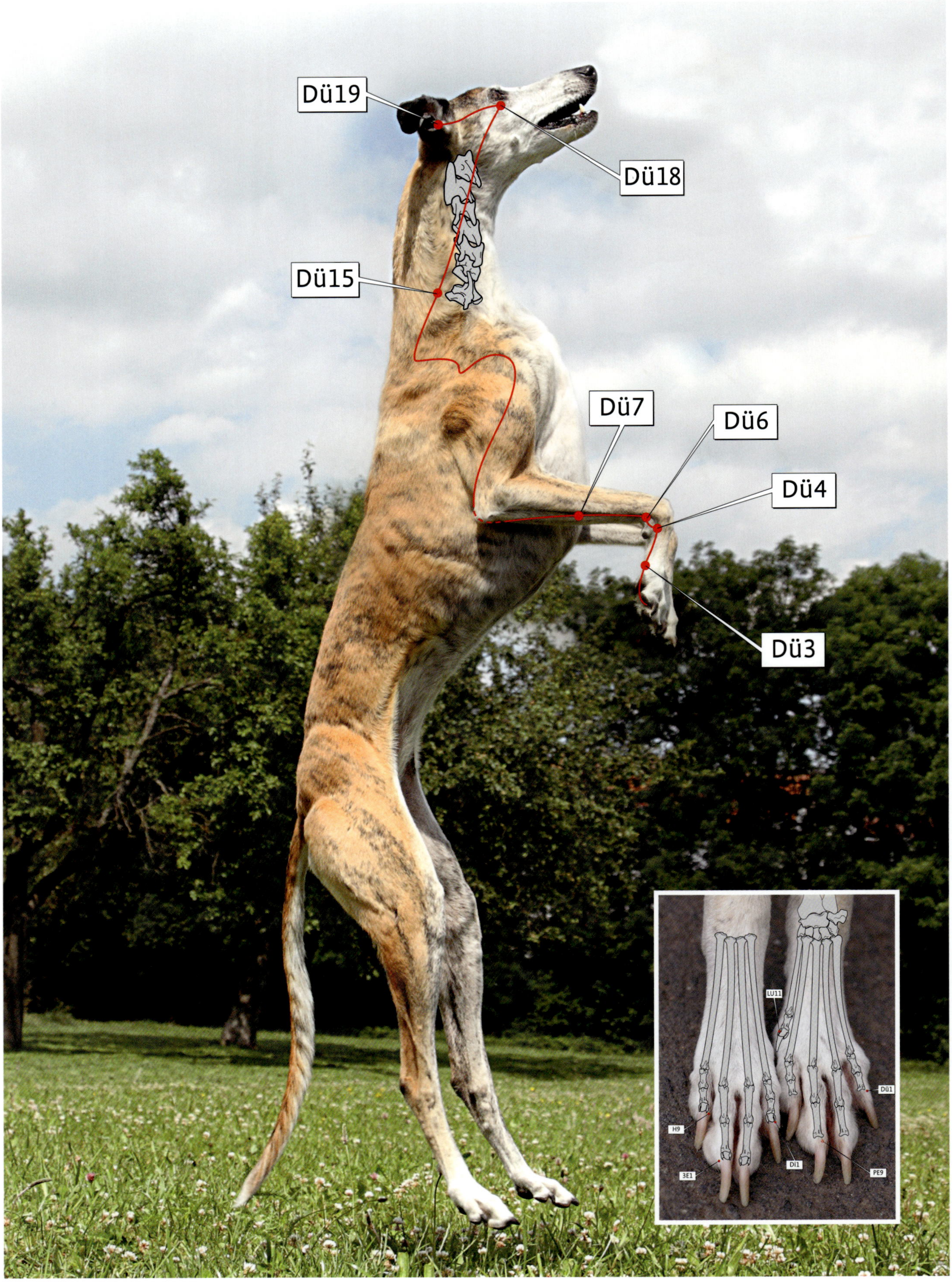

Dü 1 **Notfallpunkt.** Am äußeren Krallenwinkel der fünften Zehe des Vorderbeins.
Erschöpfung, Milchmangel der Hündin, Gesäugeentzündung.

Dü 3 An der Außenseite des Vorderbeines knapp oberhalb der Pfote neben der Arterie.
Schulterschmerzen, Probleme des Ellbogens, Kopfschmerzen, Nackenschmerzen, Spondylosen der Halswirbelsäule, Schwerhörigkeit, Anämie.

Dü 4 In der Handgelenksfalte unterhalb des Gelenks.
Probleme des Handgelenks, Schmerzen der Zehen, Kopfschmerzen, Diabetes.

Dü 6 In der Beugefalte oberhalb des Handgelenks.
Schmerzen des Handgelenks, Schmerzen der Vordergliedmaße, Genicksteife, Nacken- und Halsverspannungen, Schulterprobleme, Sehstörungen. Entkrampft den Bewegungsapparat.

Dü 7 Am Unterarm in der Mitte des Muskels am Muskel-Sehnen-Übergang.
Furchtsamkeit, Verhaltensstörungen, Probleme des Ellbogens, Schmerzen der Vordergliedmaße, Schmerzen der Schulter, Fieber.

Dü 15 Am oberen Ende der Muskelrinne auf Höhe des siebten Halswirbels.
Schmerzen der Schulterregion, Probleme des Schultergelenks, Schmerzen im Nacken, Rückenschmerzen, Husten, Atembeschwerden, Bindehautentzündung.

Dü 18 Seitlich am Kopf auf Höhe des seitlichen Augenwinkels.
Gesichtslähmung, Augenerkrankungen, Zahnschmerzen.

Dü 19 Unterhalb des Ohres am Ohrknorpel.
Ohrentzündung, Schwerhörigkeit, Taubheit, Ohrenschmerzen.

Blasenmeridian

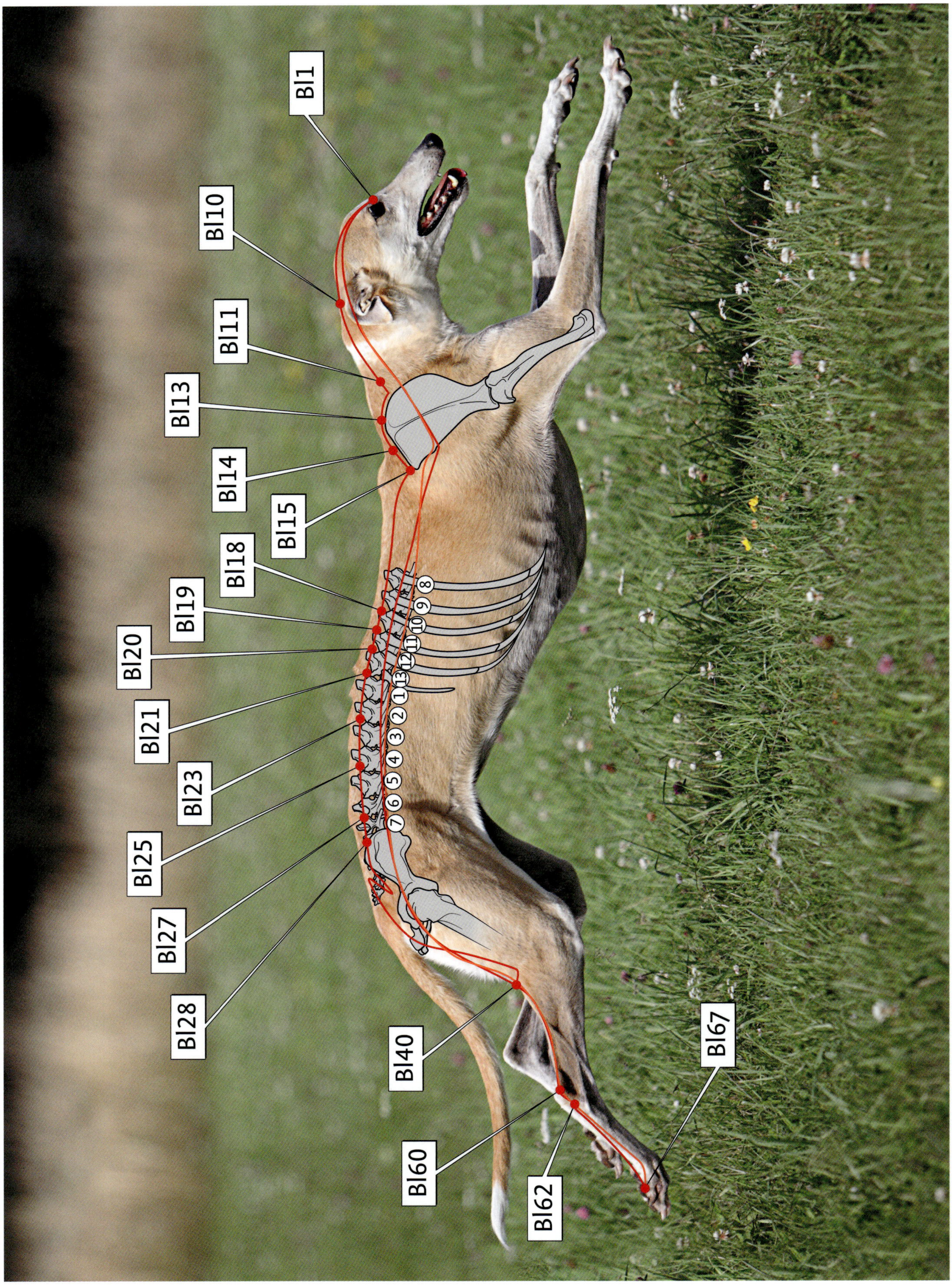

Durch seinen langen Verlauf besitzt der Blasenmeridian ein weites Spektrum an Einsatzmöglichkeiten. Man geht davon aus, dass der Blasenmeridian das älteste Meridiansystem ist.

Bl 1 Am inneren Augenwinkel oberhalb des Tränensackes.

Bindehautentzündung, Hornhautentzündung, grauer Star.

Bl 10 Im oberen Teil des Genicks hinter dem Atlasflügel.

Lokale Spondylosen, lokale Bandscheibenprobleme, Genickblockaden, Kopfschmerzen, Verhaltensstörungen.

Bl 11 **Meisterpunkt der Knochen.** Vor dem vorderen Schulterblattwinkel.

Probleme der Halswirbelsäule, Spondylosen der Halswirbelsäule, lokale Bandscheibenprobleme, Schulterschmerzen, Vorschreitblockaden der Vorderbeine, Fieber, Husten, Halsbandtrauma.

Bl 13 **Shu-Punkt** der Lunge. Am oberen Rand des Schulterblatts hinter dem Dornfortsatz des dritten Brustwirbels.

Erkrankungen der Atemwege, Asthma, Erkältung, Fieber, Atemnot, Erschöpfung, Probleme und Schmerzen der Schulter.

Bl 14 **Shu-Punkt** des Perikards. Am Oberrand des Schulterblatts hinter dem Dornfortsatz des vierten Brustwirbels.

Herz-Kreislauf-Erkrankungen, Husten, Panik, Angst.

Bl 15 **Shu-Punkt** des Herzens. An der hinteren Schulterblattecke.

Herzerkrankungen, Epilepsie, Unruhe, Nervosität. Wirkt beruhigend

Bl 18 **Shu-Punkt** der Leber. Auf Höhe des zehnten Brustwirbels, ein bis zwei Fingerbreit neben der Wirbelsäule.

Erkrankungen der Leber, Erkrankungen der Gallenblase, Augenerkrankungen, Reizbarkeit, Aggressivität.

Bl 19 **Shu-Punkt** der Galle. Auf Höhe des elften Brustwirbels, ein bis zwei Fingerbreit neben der Wirbelsäule.

Erkrankungen der Leber, Erkrankungen der Gallenblase, lokale Bandscheibenprobleme, Hüftgelenksdysplasie, Erbrechen, Bauchschmerzen.

Bl 20 **Shu-Punkt** der Milz. Auf Höhe des zwölften Brustwirbels, ein bis zwei Fingerbreit neben der Wirbelsäule.

Verdauungsbeschwerden, Erkrankungen des Pankreas, Anämie, lokale Bandscheibenprobleme, Müdigkeit, schnelle Erschöpfbarkeit.

Bl 21 **Shu-Punkt** des Magens. Hinter der letzten Rippe zwischen dem letzten Brustwirbel und dem ersten Lendenwirbel, ein bis zwei Fingerbreit neben der Wirbelsäule.

Gastritis, Magengeschwüre, Erbrechen, Brechdurchfall, lokale Bandscheibenprobleme.

Bl 23 **Shu-Punkt** der Niere. Zwischen zweitem und drittem Lendenwirbel, ein bis zwei Fingerbreit neben der Wirbelsäule. Achtung: Dieser Punkt ist während der Läufigkeit der Hündin häufig druckschmerzhaft!

Nierenprobleme, Blasenentzündung, Inkontinenz, Eierstockzysten, Unfruchtbarkeit, Hüftgelenksdysplasie, Spondylose, Schwäche der Hinterhand, Bandscheibenprobleme, Altersbeschwerden.

Bl 25 **Shu-Punkt** des Dickdarms. Zwischen viertem und fünftem Lendenwirbel, ein bis zwei Fingerbreit neben der Wirbelsäule.

Verdauungsstörungen, chronische Dickdarmentzündung, Beschwerden des hinteren Rückens, lokale Bandscheibenprobleme, Bauchschmerzen.

Bl 27 **Shu-Pun**[…] d[…] Dünndarms. Zwische[…] sechstem und siebtem Lendenwirbel, ein bis zwei Fingerbreit neben der Wirbelsäule.

Verdauungsbeschwerden, Ischiasprobleme, Cauda-equina-Kompressionssyndrom, Bewegungsstörungen der Hinterhand, Blasenentzündung.

Bl 28 **Shu-Punkt** der Blase. Zwischen siebtem LW und Kreuzbein re./li. der WS.

Erkrankungen der Blase, Inkontinenz, Cauda-equina-Kompressionssyndrom, Ischiasbeschwerden, Rückenschmerzen.

Bl 40 In der Mitte der hinteren Kniefalte auf Höhe des Kniegelenks.

Schmerzen des hinteren Rückens, Hüftgelenksbeschwerden, Knieprobleme, Ischiasbeschwerden, Spondylose, Bandscheibenprobleme des hinteren Rückens, Lähmungen und Lahmheiten der Hinterbeine, Blasenentzündung, Hauterkrankungen.

Bl 60 Zwischen Außenknöchel und Achillessehne.

Erkrankungen des Sprunggelenks, Lahmheiten der Hintergliedmaßen, Lähmungen der Hintergliedmaßen, Nachgeburtsverhalten, schwierige Geburt.

Bl 62 Unterhalb und vor dem Außenknöchel.

Erkrankungen des Sprunggelenks, Schmerzen der Hinterhand, Einknicken der Hinterläufe, Schwäche der Hinterhand.

Bl 67 **Notfallpunkt.** Am Krallenfalzwinkel der fünften Zehe.

Inkontinenz, Augenerkrankungen, Erschöpfung, Herz-Kreislauf-Versagen.

Nierenmeridian

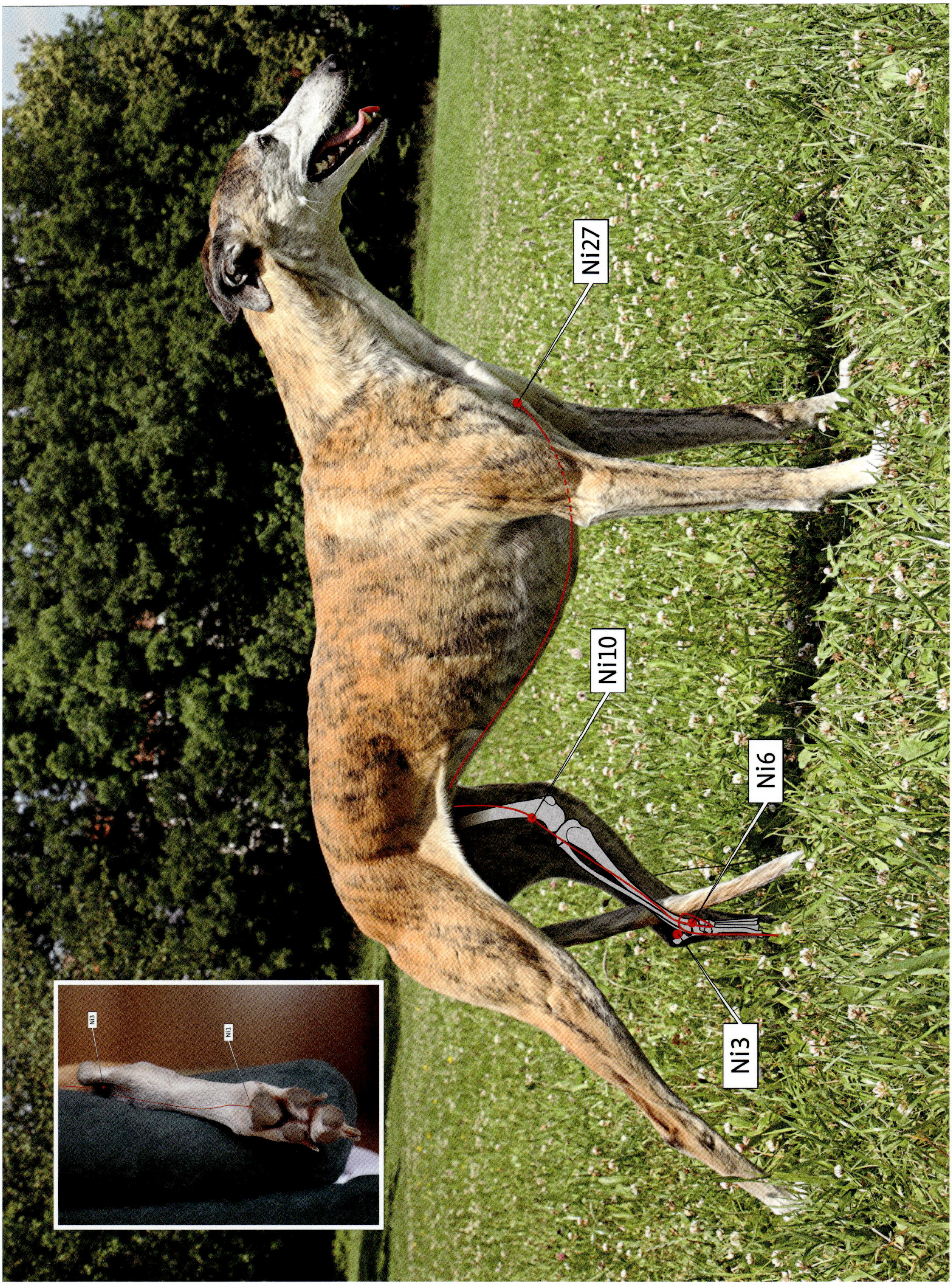

Ni 1 **Notfallpunkt.** Im Zentrum der Fußsohle der Hinterpfote beim Mittelfußballen.
Hitzschlag, Schock, Atemstillstand, Epilepsie.

Ni 3 Zwischen Innenknöchel und Achillessehne.
Nierenerkrankungen, Blasenentzündung, Inkontinenz, Sprunggelenkserkrankungen, Probleme des hinteren Rückens, Appetitlosigkeit, Abmagerung.

Ni 6 In einer Vertiefung am unteren Rand des Knöchels zwischen Knöchel und Fersenbein.
Lahmheiten der Hintergliedmaßen, Sprunggelenkserkrankungen, Zyklusstörungen, chronische Augenerkrankungen, Hauterkrankungen, Müdigkeit, Traurigkeit, Schreckhaftigkeit.

Ni 10 Auf der Beininnenseite in der Kniegelenksfalte.
Schmerzen im Knie, Probleme beim Harnabsatz, Gesäugeentzündung.

Ni 27 Zwischen Brustbein und erster Rippe.
Husten mit viel Auswurf, Asthma, Atembeschwerden, allergische Atemwegsprobleme, Fieber.

Nach traditionell chinesischer Lehre sitzt in der Niere das persönliche „Energiekonto“, das Jing. Das bedeutet, dass jedes Lebewesen vorgeburtlich eine individuelle Grundenergie erhalten hat, ein genetisches Erbe. Diese Grundenergie ist nicht vermehrbar, das heißt, sie ist eine Art Energiekonto, das „angezapft“ werden kann, wenn die normale, tägliche Energie nicht ausreicht.
Das Energiekonto sollte durch Zuführung nachgeburtlicher Energie gepflegt werden: Gesunde, artgerechte Nahrung, ausreichend Bewegung und Ruhepausen sowie artgerechte Haltung sind positives Energiequellen. Negativ wird das Konto durch Stress, Fehlernährung, mangelnde Bewegung oder nicht artgerechte Haltung belastet.

Pericard-(Herzbeutel-)meridian

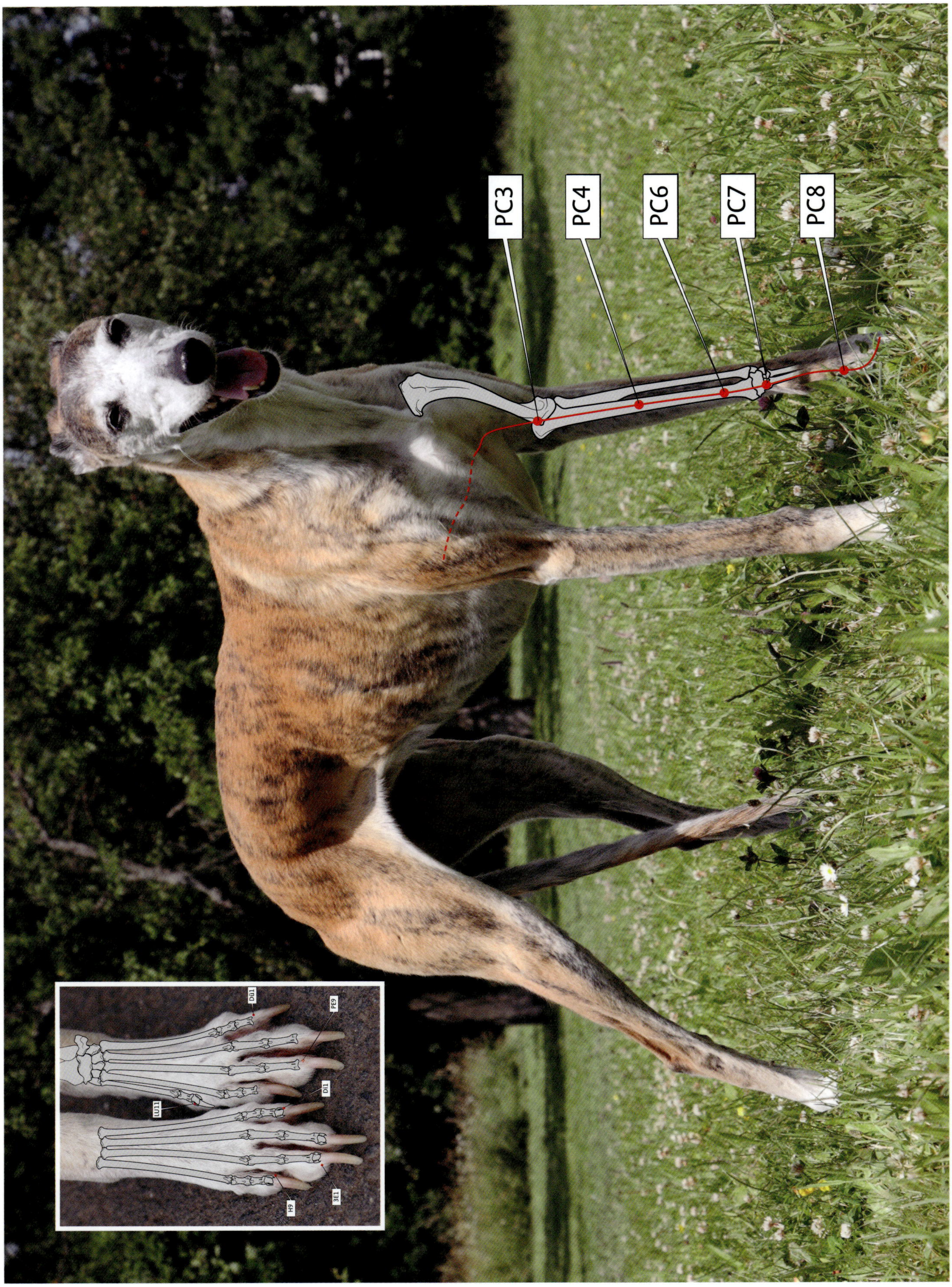

PC 3 In der Ellbogenfalte neben der Bizepssehne.

Hitzschlag, Schlaganfall, Erbrechen, Ellbogenprobleme, allergische Hauterkrankungen, Juckreiz, Gleichgewichtsstörungen, Unruhe, Aufregung.

PC 4 In der Mitte des inneren Unterarms zwischen den Muskelbäuchen.

Schmerzen und Lahmheiten der Vordergliedmaßen, Herz-Kreislauf-Probleme, Herzrhythmusstörungen, Hautausschläge, Angst, Schreckhaftigkeit.

PC 6 In der Muskelrinne etwa ein bis zwei Fingerbreit oberhalb des Handgelenks.

Magenkrämpfe, Magengeschwüre, Erbrechen, Reisekrankheit, Kreislaufstörungen, Herzprobleme, Epilepsie, Verspannungen, Unruhe, Ängstlichkeit, Nervosität, Hysterie, Verhaltensstörungen.

PC 7 In der Mitte der Handgelenksfalte.

Herzprobleme, Kreislaufschwäche, Magenprobleme, Erbrechen, Probleme des Handgelenks, Epilepsie, Kurzatmigkeit, Mundgeruch, Angst, Schreckhaftigkeit, unkontrolliertes Verhalten.

PC 8 Auf der Innenseite der Vorderpfote auf dem mittleren Ballen zwischen zweiter und dritter Zehe.

Entzündung der Mundschleimhaut, Zahnfleischentzündung, Mundgeruch, Furchtsamkeit, Angst, Aggressivität, massive Verhaltensstörungen, Erbrechen, Kreislaufschwäche.

PC 9 **Notfallpunkt, Wiederbelebungspunkt.** Am Krallenfalzwinkel der dritten Zehe außen.

Herz-Kreislauf-Versagen, Schock, Kollaps, Koma, Epilepsie, Schlaganfall, Lähmungen, Fieber, Unruhe.

Dreifacher-Erwärmer-Meridian

3E 1 **Notfallpunkt.** Am Krallenfalz der vierten Zehe der Vorderpfote außen.

Schock, Bewusstlosigkeit, Fieber, Kehlkopfentzündung, Rachenentzündung, Bindehautentzündung, lokale Krallenentzündung.

3E 3 Am Mittelhandknochen oberhalb des Gelenks auf dem Pfotenrücken.

Ohrerkrankungen, Entzündungen im Bereich der Vorderbeine, Stimmungsschwankungen, Depressionen.

3E 5 Zwischen Elle und Speiche etwas oberhalb des Handgelenks.

Schmerzen der Vordergliedmaßen, Lahmheiten der Vorderbeine, Probleme des Handgelenks, Erkältung, Fieber, Halsschmerzen, Genickprobleme.

3E 6 Im unteren Viertel des Unterarms zwischen Elle und Speiche etwa ein bis zwei Finger oberhalb des 3E 5.

Hauterkrankungen, fiebrige Erkrankungen, Schmerzen des Ellbogens, Schulterprobleme, Lahmheiten des Vorderbeins, Genickschmerzen, Verstopfung.

3E 10 In der Vertiefung oberhalb des Ellbogenhöckers.

Ellbogenprobleme, Ellbogengelenksdyplasie, Hauterkrankungen, Nackensteife, Lymphknotenschwellung.

3E 14 Zwischen Oberarm und Schulterblatt hinter dem Gelenkspalt.

Schulterprobleme, Lähmungen und Kraftlosigkeit der Vordergliedmaßen.

3E 17 Unterhalb des Ohrgrundes.

Ohrerkrankungen, Ohrentzündung, Taubheit, Hörstörungen.

3E 23 Auf der knöchernen Augenhöhle oberhalb des äußeren Augenwinkels.

Bindehautentzündung, Hornhautentzündung, geschwächte Sehkraft, Zahnschmerzen, Drehschwindel.

Der Gallen(blasen)meridian

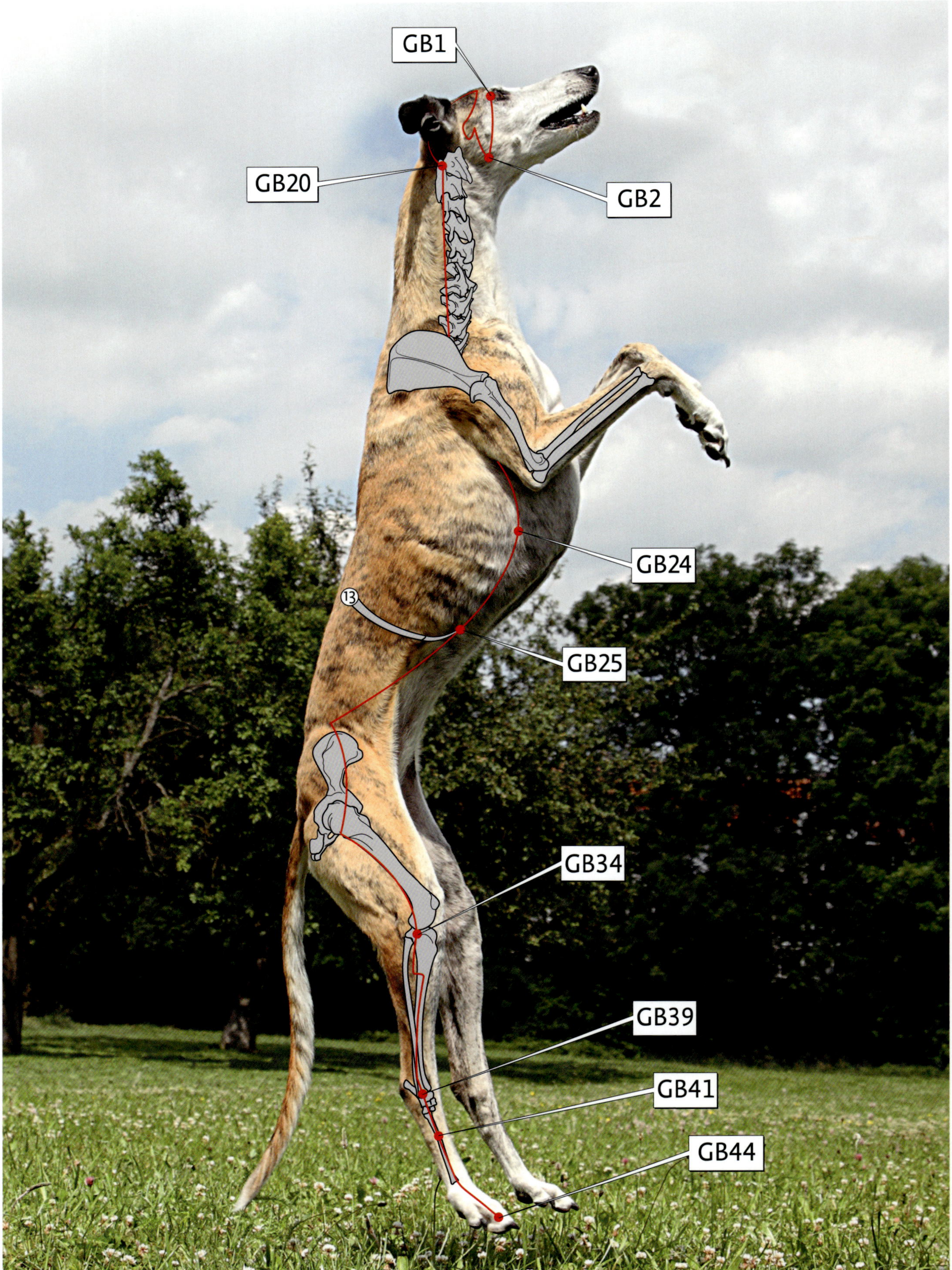

GB 1 Am äußeren Augenwinkel.
Bindehautentzündung, Hornhautentzündung, grauer Star, grüner Star, Regenbogenhautentzündung, akute Augenerkrankungen.

GB 20 Am Unterrand des Hinterhauptbeins.
Spondylosen der Halswirbelsäule, Bandscheibenprobleme der Halswirbelsäule, Ohrentzündung, Schwerhörigkeit.

GB 24 **Alarmpunkt der Gallenblase.** Zwischen der siebten und achten Rippe auf Höhe des Ellbogens.
Lebererkrankungen, Bauchschmerzen, Gallensteine, Gallenkolik, Antriebslosigkeit.

GB 25 **Alarmpunkt der Niere.** Am Unterrand der dreizehnten Rippe.
Nieren- und Blasenerkrankungen, Inkontinenz, Leber- und Gallenerkrankungen, Spondylose der Lendenwirbelsäule.

GB 34 **Meisterpunkt der Sehnen und Gelenke.** In einer Vertiefung unterhalb und hinter dem Kopf des Wadenbeins.
Erkrankungen der Muskulatur, Sehnenerkrankungen, Bänderschwäche, Gelenkschwäche, Bandscheibenprobleme des hinteren Rückens, Knieprobleme, Hüftgelenksprobleme, Lahmheiten der Hintergliedmaßen, schmerzhafte Magen-Darm-Störungen.

GB 39 **Meisterpunkt des Knochenmarks.** Am Hinterrand des Wadenbeins auf Höhe des Knöchels.
Blutbildungsstörungen, Erkrankungen des Blutes und des Knochenmarks.

GB 41 Zwischen viertem und fünftem Mittelfußknochen.
Ischiasprobleme, Hüftprobleme, löst psychisches Festhalten, öffnet das Gürtelgefäß.

GB 44 **Notfallpunkt.** Am Krallenfalz der vierten Zehe außen.
Schock, Schwäche, Fieber, Augenerkrankungen, Erkrankungen der Ohren, Nervosität, Unruhe, Angst, Erregungszustände.

Lebermeridian

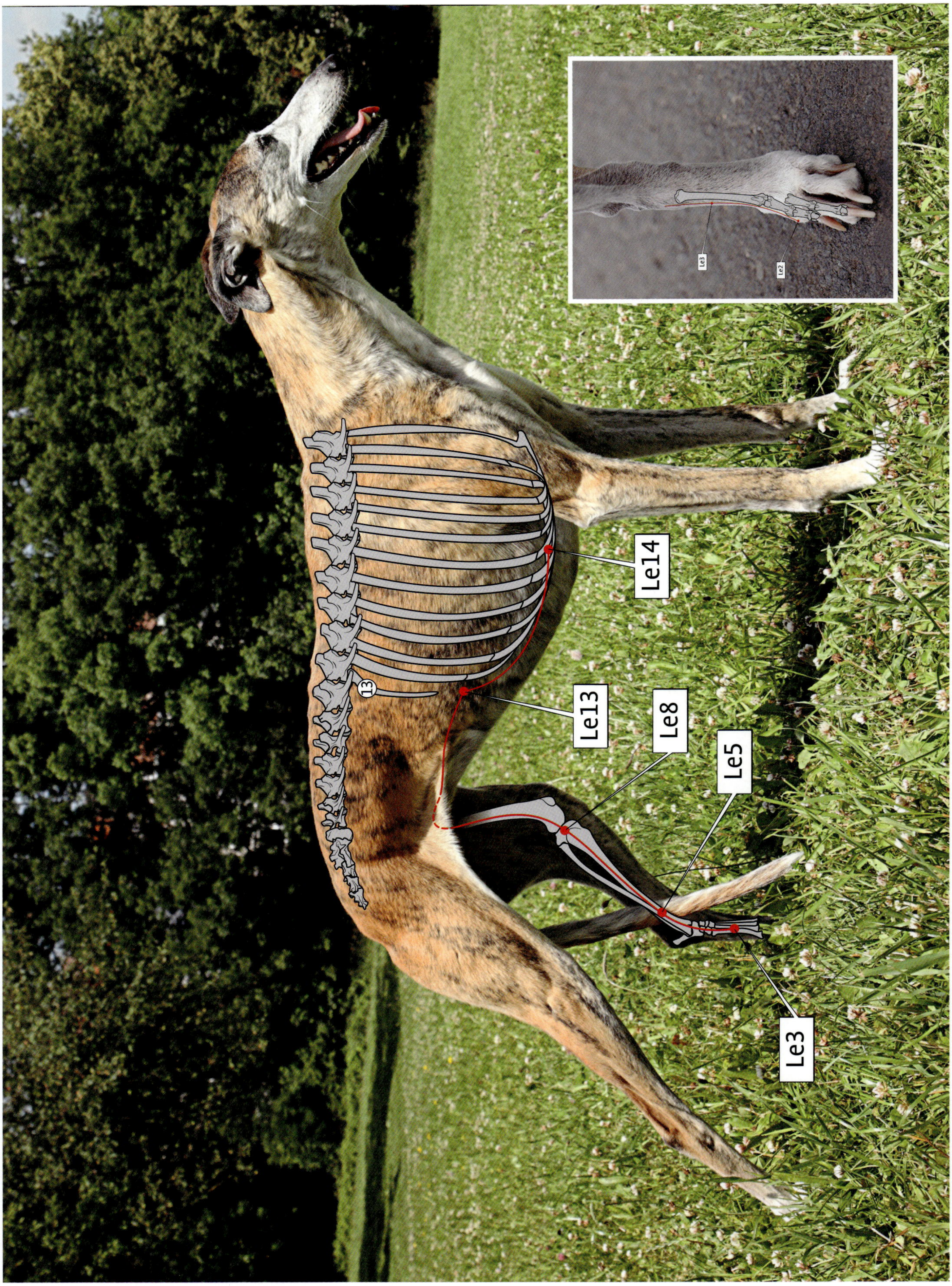

Le 2 An der zweiten Zehe auf Höhe des Zehengrundgelenks.

Kolik, Krampfanfälle, Hodenentzündung, Reizbarkeit.

Le 3 Etwa in der Mitte des Mittelfußknochens der zweiten Zehe.

Krampfkolik, Magen-Darm-Störungen, Krampfanfälle, Lebererkrankungen, Gallenerkrankungen, Augenerkrankungen, Blasenentzündung, Gebärmuttererkrankungen, Scheidenerkrankungen, Unruhe.

Le 5 An der Hinterkante des Schienbeins etwas oberhalb des Sprunggelenks.

Blasenentzündung, Scheidenentzündung, Gebärmutterentzündung, Harnabsatzbeschwerden, Harnverhalten, Schmerzen im Unterbauch, Blähbauch, Leberentzündung, Ängstlichkeit.

Le 8 In Höhe der Kniegelenksfalte, etwa mittig.

Blasenentzündung, Harnverhalten, Harnabsatzbeschwerden, Harnleiterentzündung, Gebärmuttervorfall, Knieprobleme.

Le 13 **Alarmpunkt der Milz**. Seitlich am Bauch am unteren Ende der letzten Rippe.

Stoffwechselprobleme, Verdauungsstörungen, stressbedingte Verdauungsstörungen, Durchfall, Verstopfung, Appetitlosigkeit, Lebererkrankungen, Erschöpfung, Leistungsdepression.

Le 14 **Alarmpunkt der Leber**. Zwischen der sechsten und siebten Rippe.

Lebererkrankungen, Gallenerkrankungen, Verdauungsstörungen, Magenbeschwerden, Zitzenentzündung, Störungen der Milchproduktion, Unruhe.

Indikationsverzeichnis

Indikation	Akupressurpunkte
Abmagerung	Ni 3
Aggressivität	KG 14, Bl 18, PC 8
Allergie	Di 11, MP 6, MP 10, PC 3
Altersbeschwerden	MP 6, Bl 23
Analbeutelentzündung	LG 1
Anämie	Dü 15, Bl 20
Angst	LG 20, Yin tang, KG 14, H 7, Dü 7, Bl 14, PC 4, PC 6, PC 7, PC 8, GB 44, Le 5
Antriebslosigkeit	GB 24
Appetitlosigkeit	KG 12, Ma 36, Ni 3, Le 13
Asthma	KG 17, Lu 1, Lu 2, Lu 7, Lu 9, Di 1, Ma 9, H 1, Bl 13, Ni 27
Atembeschwerden	Lu 1, Lu 7, Ma 9, MP 21, H 5, Dü 15
Atemnot	Lu 5, Bl 13
Atemstillstand	Ni 1
Atemwegserkrankungen	LG 14, Lu 9, Lu 11, Bl 13
Aufblähung	Ma 25, MP 3, Le 5
Aufregung	PC 3
Augen, tränende	Ma 1
Augenerkrankungen	Yin tang, Ma 1, Dü 18, Bl 18, Bl 67, Ni 6, GB 1, GB 44, Le 3
Bänderschwäche	GB 34
Bandscheibenprobleme (lokal)	Bl 10, Bl 11, Bl 19, Bl 20, Bl 21, Bl 23, Bl 25, B 140, GB 20, GB 34
Bauchschmerzen	LG 2, KG 4, KG 5, Di 4, Di 11, MP 3, MP 4, MP 14, Bl 19, Bl 25, GB 24, Le 5, Le 13, Gürtelgefäß
Bewusstlosigkeit	Weijan, Lu 11, H 9, 3E 1
Bindehautentzündung	Ma 1, Dü 15, Bl 1, 3E 1, 3E 23, GB 1
Blasenentzündung	KG 3, MP 9, Bl 23, Bl 27, Bl 40, Ni 3, Le 3, Le 5, Le 8
Blasenerkrankungen	Bl 28, GB 25
Bluterkrankungen	GB 39
Bluthochdruck	Ma 9
Bronchitis	KG 17, Lu 1, Lu 5
Cauda-equina Kompressionssyndrom	Bai hui, Bl 27, Bl 28
Dackellähme	Bai hui
Darmerkrankungen	MP 6, GB 34
Depressionen	3E 3
Diabetes	Dü 4
Drehschwindel	3E 23
Durchfall	LG 1, LG 2, KG 12, Ma 25, Ma 36, MA 44, Ma 45, MP 3, Bl 21, Le 13
Eierstockzysten	Bl 23
Ellbogen, Schmerzen und Probleme	Lu 5, Di 11, H 3, Dü 3, Dü 7, PC 3, 3E 6, 3E 10
Epilepsie	LG 14, LG 20, Lu 11, Di 1, Bl 15, Ni 1, PC 6, PC 7, PC 8
Erbrechen	KG 12, KG 22, Ma 25, Ma 44, Bl 19, Bl 21, PC 3, PC 6, PC 7, PC 8
Erkältungskrankheiten	Di 4, Bl 13, 3E 5
Erregungszustände	GB 44
Erschöpfung	H 9, Dü 1, Bl 13, Bl 20, Bl 67, Le 13
Fieber	LG 14, Lu 11, Di 1, Di 2, Di 11, Ma 45, H 9, Dü 7, Bl 11, Ni 27, PC 9, 3E 1, 3E 5, 3E 6, GB 44
Fruchtbarkeitsstörungen	Bai hui
Furchtsamkeit	PC 8

Indikation	Akupressurpunkte
Gallenerkrankungen	Bl 18, Bl 19, GB 24, GB 25, GB 34, Le 3, Le 14
Gallenprobleme	GB 24
Gebärmuttererkrankungen	Le 3, Le 5
Geburtserleichterung	KG 1, KG 3, Bl 60
Gefäßerkrankungen	Lu 9
Gelenkschwäche	GB 34
Genickprobleme	3E 5, 3E 6
Genicksteife	Lu 7, Dü 6, Bl 10
Gesäugeentzündung	Dü 1, Ni 10, Le 14
Gesichtslähmung	Dü 18
Gleichgewichtsstörungen	PC 3, 3E 3
Handgelenk, Schmerzen und Probleme	Lu 7, H 5, H 7, Dü 4, Dü 6, PC 7, 3E 5
Halsbandtrauma	Bl 11
Halsschmerzen	3E 5
Halsschwellungen	KG 17
Halswirbelsäule, Probleme	Bl 11
Halswirbelsäule, Spondylose	Lu 7, Dü 3, Bl 10, Bl 11, GB 20
Harnabsatzbeschwerden	KG 1, KG 5, Ni 10, Le 5, Le 8
Harnabsatz, häufig	KG 3
Harninkontinenz	LG 2, Bai hui, KG 1, KG 3, MP 9, Bl 23, Bl 28, Bl 67, Ni 3, GB 25
Harnleiterentzündung	Le 8
Harnverhalten	KG 1, KG 3, KG 5, Le 5, Le 8
Hauterkrankungen	Di 4, Di 11, MP 6, MP 10, Bl 40, Ni 6, PC 3, 3E 6, 3E 10
Herz-Kreislauf-Störungen	Lu 9, Bl 14, Bl 67, PC 4, PC 9
Herzprobleme	KG 14, KG 20, H 3, H 5, H 7, Bl 15, PC 6, PC 7
Herzrasen, nervöses	H 9
Herzrhythmusstörungen	PC 4
Hexenschuss	Ma 32
Hintergliedmaßen, Lähmungen	LG 2, Ma 32, Ma 36, Bl 40, Bl 60
Hintergliedmaßen, Schmerzen und Probleme	Bai hui, MP 14, Bl 40, Bl 60, Bl 62, Ni 6, GB 34
Hinterhand, Bewegungsstörungen	Bl 27
Hinterhand, Schwäche	Bl 23, Bl 62
Hinterpfote, Probleme	Ma 44, Ma 45, MP 4
Hitzschlag	Weijan, Ni 1, PC 3
Hodenentzündung	Le 2
Hormonelle Störungen	Di 11, MP 6, MP 9
Hornhautentzündung	Ma 1, Bl 1, 3E 23, GB 1
Hörstörungen	3E 17, GB 41
Hüftgelenksdysplasie	Ma 32, Bl 19, Bl 23
Hüftgelenksprobleme	Bai hui, Ma 32, MP 14, Bl 40, GB 34, GB 41
Husten	KG 17, Lu 1, Lu 2, Lu 3, Lu 5, Lu 7, Di 1, H 1, Dü 15, Bl 14, Bl 11, Ni 27
Hysterie	PC 6
Immunschwäche	LG 14, Di 11, MP 6
Infektionskrankheiten	MP 10
Ischialgie	Bai hui, Bl 27, Bl 28, Bl 40, GB 41
Juckreiz	Di 11, PC 3
Kastration, Folgeprobleme	Gürtelgefäß
Kehlkopfentzündung	KG 17, Lu 9, Di 2, Ma 9, 3E 1
Kniegelenk, Probleme	Ma 35, Ma 36, MP 9, MP 10, Bl 40, Ni 10, GB 34, Le 8
Knochenmarkerkrankungen	GB 39
Kolik	Le 2, Le 3
Kollaps	Weijan, Di 1, H 9, PC 8

Indikation	Akupressurpunkte
Koma	Lu 11, PC 8
Kopfschmerzen	Di 4, H 5, Dü 3, Dü 4, Bl 10
Kot, trocken	Di 2
Krallenentzündung (lokal), vorne	3E 1
Krämpfe	Di 4, Le 2, Le 3
Kreislaufschwäche	H 9, PC 6, PC 7, PC 8
Lähmungen	Weijan, PC 9
Läufigkeit, Probleme	Gürtelgefäß
Leberentzündung	Le 5
Lebererkrankungen	KG 12, Bl 18, Bl 19, GB 24, GB 25, GB 34, Le 3, Le 13, Le 14
Leistungsdepression	Le 13
Lumbago	Bai hui
Lungenerkrankungen	MP 21
Lymphknotenschwellung	3E 10
Magen-Darm-Krämpfe	Le 3
Magenerkrankungen	KG 12, KG 14, Ma 36, MA 44, MP 4, MP 6, PC 7, GB 34, Le 14
Magengeschwüre	KG 12, Ma 44, Bl 21, PC 6
Magenkrämpfe	PC 6, Le 3
Milchmangel	Dü 1, Le 14
Müdigkeit	MP 6, Bl 20, Ni 6
Mundgeruch	PC 7, PC 8
Mundschleimhaut, Entzündung	PC 8
Muskelerkrankungen	GB 34
Nachgeburtsverhalten	KG 3, Bl 60
Nackenschmerzen	LG 14, Lu 1, Dü 3, Dü 6, Dü 15, GB 21
Nackensteife	3E 10
Nase, Erkrankungen	Di 20
Nasenbluten	Lu 11, Di 2, Di 20
Nasennebenhöhlen, Entzündung	Di 20
Nasenschleimhaut, Schwellung	Di 20
Nervosität	Yin tang, Bl 15, Pe 6, GB 44
Nesselsucht	MP 10
Neurosen	H 7
Nierenprobleme	LG 14, Bl 21, Ni 3, GB 25
Notfall	Weijan, Lu 11, Di 1, Ma 45, H 9, Dü 1, Bl 67, Ni 1, PC 9, 3E 1, GB 44
Oberarm, Schmerzen und Probleme	Lu 2
Ödeme	MP 9, Lu 2
Ohrenschmerzen	Dü 19
Ohrentzündung	Dü 19, 3E 2, 3E 17, GB 20
Ohrerkrankungen	LG 20, Dü 19, 3E 17, GB 44
Panik	Bl 14
Pankreaserkrankungen	Bl 20
Patellaluxation	Ma 35
Prostataprobleme	KG 4
Psychische Probleme	LG 20, Yin tang, Gürtelgefäß
Psychisches Festhalten	GB 41
Rachenentzündung	Lu 11, Di 2, 3E 1
Regenbogenhautentzündung	GB 1
Reisekrankheit	PC 6
Reizbarkeit	Bl 18, Le 2
Rücken, Verspannungen	MP 14
Rückenschmerzen	Bai hui, Dü 15, Bl 25, Bl 28, Bl 40, Ni 3, Gürtelgefäß

Indikation	Akupressurpunkte
Scheidenentzündung	KG 1, Le 3, Le 5
Schilddrüsenerkrankungen	Di 11, Ma 9
Schlaflosigkeit	H 7
Schlaganfall	H 9, PC 3, PC 9
Schleimhautentzündung, Darm	Ma 25
Schleimhautentzündung, Magen	Ma 25, Ma 44
Schmerzen	Di 4, MP 21
Schnupfen	Lu 7, Di 20
Schock	Weijan, H 9, Ni 1, PC 9, GB 44
Schreckhaftigkeit	Ma 44, H 7, Ni 6, PC 4, PC 7
Schulter, Schmerzen und Probleme	LG 14, Lu 2, Lu 3, Di 4, Di 11, Di 15, H 1, Dü 3, Dü 6, Dü 7, Dü 15, Bl 13, Bl 11, 3E 6, 3E 14
Schwäche	Ma 36, MP 6, MP 21, GB 44
Schwanzlähmung	LG 1, LG 2
Schwerhörigkeit	Dü 3, Dü 19, GB 20
Sehkraft, geschwächte	3E 23
Sehkraft, nachlassende	Ma 1
Sehnenerkrankungen	GB 34
Sehstörungen	Dü 6
Spondylose	Bai hui, Bl 23, GB 25
Sprunggelenk, Probleme	Bl 60, Bl 62, Ni 3, Ni 6
Star	Ma 1, Bl 1, GB 1
Stimmungsschwankungen	3E 3
Stoffwechselstörungen	Ma 36, Le 14
Taubheit	Dü 19, 3E 17
Traurigkeit	H 1, Ni 6
Unfruchtbarkeit	KG 3, KG 4, Bl 23
Unruhe	H 3, H 7, Bl 15, PC 3, PC 6, PC 9, GB 44, Le 3, Le 14
Unsauberkeit	Gürtelgefäß
Unterarm, Schmerzen und Probleme	Di 11, H 5
Verdauungsprobleme	KG 12, Di 11, Ma 25, Ma 36, MP 4, Bl 20, Bl 25, Bl 27, Le 13, Le 14
Verhalten, unkontrolliert	PC 7
Verhaltensstörungen	KG 14, KG 17, Ma 45, H 5, H 7, Dü 7, Bl 10, PC 6, PC 8
Verkrampfungen	Ma 32
Verspannungen	Ma 32, PC 6
Verstopfung	LG 1, LG 2, KG 12, Di 2, Di 4, Ma 25, Ma 36, MP 3, 3E 6, Le 13
Vorderbein, Vorschreitblockade	Bl 11
Vordergliedmaßen, Entzündungen	3E 3
Vordergliedmaßen, Kraftlosigkeit	3E 14
Vordergliedmaßen, Lähmungen	3E 14
Vordergliedmaßen, Schmerzen und Probleme	LG 14, Lu 3, Lu 9, Di 4, Di 11, H 1, Dü 6, Dü 7, PC 4, PC 6, 3E 3, 3E 5, 3E 6
Wiederbelebung	PC 9
Zahnfleisch, Entzündung	PC 8
Zahnschmerzen	Di 1, Dü 18, 3E 23
Zehen der Vordergliedmaße, Probleme	Dü 4
Zitzenentzündung	Le 14
Zyklusstörungen	Bai hui, KG 1, KG 4, Ni 6

ulmer

AKUPRESSURPUNKTE EINFACH FINDEN

Akupressur ist eine sanfte Heilmethode, mit der Sie Ihren Hund selbst behandeln können. Sie kann Heilungsprozesse beschleunigen und Linderung verschaffen.

In diesem Leitfaden erfahren Sie alles rund um die **Akupressur beim Hund**, wo welche Meridiane verlaufen und wo die Akupressurpunkte beim Hund genau liegen, sodass Sie selbst eine Akupressurbehandlung an Ihrem Tier durchführen können. Die **großformatigen farbigen Fototafeln** mit eingezeichnetem **Meridianverlauf** und den **Akupressurpunkten** erleichtern das Auffinden der richtigen Punkte.

Perfekt für interessierte Laien als auch für Therapeuten.

Unser Extra für Sie:
Verzeichnis der Krankheiten und der dazugehörigen Akupressurpunkte für die schnelle Erste Hilfe.

Simone Specht ist erfahrene Heilpraktikerin sowie Tierheilpraktikerin und führt eine eigene Naturheilpraxis für Tiere. Zudem unterrichtet sie als Dozentin an der Medica Vita Heilpraktikerschule in Günzburg.

ulmer.de

ISBN 978-3-8186-1436-2

9 783818 614362